你好，天文

Cool Astronomy

［英］马尔科姆·克罗夫特 / 著
Malcolm Croft

高爽 / 译

重庆大学出版社

目录 CONTENTS

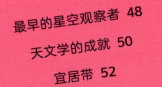

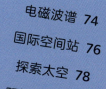

天文学促使人仰望星空，引导我们从这个世界到另一个世界。

——柏拉图

欢迎来到《你好，天文》

想象一下你是一位超级英雄。想象一下，你有能力看着你头上的天空，看到人类在过去几千年的天文学发展中所能够记录和观察到的一切。即使在最晴朗和最黑暗的夜空中，无论你如何努力寻找或眯起眼睛，用你超级英雄般的眼睛试图看到一切——每一个恒星、行星和星系的存在，你看到的也仅仅是宇宙的"冰山一角"。

宇宙的巨大如此惊人，即使拥有美国国家航空航天局现役最先进的望远镜——詹姆斯·韦布空间望远镜，以及目前正在建造的欧洲极大望远镜，我们的天文学家（无论是专业还是业余）也永远无法完全看到整个宇宙，更不可能完全掌握它的奥秘。宇宙是一头多么光辉灿烂的巨兽啊！但这并不意味着我们应该放弃并停止探索的步伐。相反，我们都应该拿起我们的望远镜加入这项探索中！

天文学对我来说，就像一本被撕掉最后一页的伟大侦探小说。你永远不会知道真凶是谁，但在寻找和发现的过程中，在试图解决一切问题的过程中，在把其中一些东西纳入某种秩序并努力理解它们的过程中，我们已经经历了最好的也是最有趣的部分。

因此，请"享用"这本书。虽然不可能把所有的东西——那么多亿万年来形成的星系和行星（加上无数的恒星！）都挤进一本小书里，但我还是试图把我所了解到的最让我心动的部分放进来。这些东西让我想继续学习更多的天文学知识……并继续在期待和喜悦中仰望头顶的星空。我希望你也有同感。

夜空 —— 如何看到它

　　你的眼睛是地球上最复杂、最神奇的造物之一。它们不仅是你自己灵魂的窗口，也是你头顶上整个宇宙的窗口。因此，给你的眼睛"热热身"吧，让你的眼睛"适应黑暗"，并准备好进行一次真正的超越世界的冒险。

看向星空！

　　在小型和超大型望远镜的帮助下，我们可以用眼睛看到的天空正变得越来越明亮和广阔，我们对星空的了解也越来越多。地球围绕太阳运行的每一个新的24小时周期，全世界的天文学家都正在发现、观察或者庆祝发现了新的恒星、行星、星系或其他天文现象。如果你想成为第一个发现天空中新事物的人，以下是你的天文任务清单上要做到的前四件事：

1	**2**	**3**	**4**
观察夜空	买一台双筒望远镜或天文望远镜	学习更多的天文学知识	加入当地的天文社团

关注太空

我们的宇宙里充满了奇妙的天体，现象和未知的奥秘。尽管你只能通过望远镜看见它的一小部分（不到1%），但这并不意味着你应该停止寻找。下面是一份快速指南，介绍你用天文望远镜或双筒望远镜可以在天空中看到的一些神奇的东西：

彗星

由冰、岩石和尘埃组成的小天体，当它靠近太阳时，冰会升华形成明亮的彗发和长长的尾巴。

恒星

宇宙中的发光体，主要由气体构成。

星云

由尘埃和气体构成，可能孕育出恒星。

月球

地球唯一的天然卫星，围绕地球运行。

星系

由大量恒星、气体、尘埃和暗物质组成的庞大天体系统，通过引力相互束缚在一起，呈现出螺旋形、椭圆形或不规则形等不同形态。

太阳

距离我们最近的恒星，是地球生命存在的基础。

行星

自身不发光，围绕恒星运转的天体。

银河

夜空中的暗淡光带，包括上千亿颗恒星，其中就有太阳。银河系的核心是一个超大质量黑洞。

超新星

恒星在演化末期发生的一种剧烈爆炸现象，会释放出巨大的能量，短时间内亮度急剧增加，甚至超过整个星系的亮度。

天文学是什么？

天文学是自然科学的分支，研究天体、空间和整个宇宙的物理学。

3

望远镜到底是如何工作的？

望远镜是人类最伟大的天文学成就之一。当你想到这一点时，就会觉得很神奇，因为它只是在一根管子里安装了两块镜片或镜子，就可以使遥远的物体看起来更近。当它指向星星时，整个宇宙看起来就更清晰了。

让我们开始吧

望远镜是一种收集电磁辐射（如可见光）的仪器，它可以使遥远的物体看起来更近。第一架实用的折射式望远镜大约在 1608 年出现在荷兰，由三个不同的人各自独立发明的。但在 1609 年，一位名叫伽利略·伽利雷的意大利物理学家改进了望远镜的设计，最重要的是，他把它转向了天空。

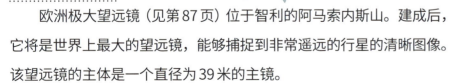

你知道吗？

欧洲极大望远镜（见第 87 页）位于智利的阿马索内斯山。建成后，它将是世界上最大的望远镜，能够捕捉到非常遥远的行星的清晰图像。该望远镜的主体是一个直径为 39 米的主镜。

天文知识点

有两种类型的望远镜。一种是折射式望远镜，另外一种是反射式望远镜。

最早出现的望远镜是折射式望远镜，它通过透镜（物镜）折射光线，将光线汇聚到焦点形成像。牛顿发明了反射式望远镜，它利用凹面镜反射光线，将光线汇聚到焦点形成像。

折射式

最简单的折射式望远镜有两个镜片。一个凸透镜将来自物体的光线带到一个焦点上，第二个透镜形成目镜。伽利略的望远镜有一个单凹透镜作为目镜，但实际上目镜可以是一个由几个透镜组成的复杂结构。

反射式

最简单的反射式望远镜使用一个凹面镜将光线从物体引向焦点。一个平面镜将光线从望远镜管中垂直反射出来，目镜安装在望远镜侧面。

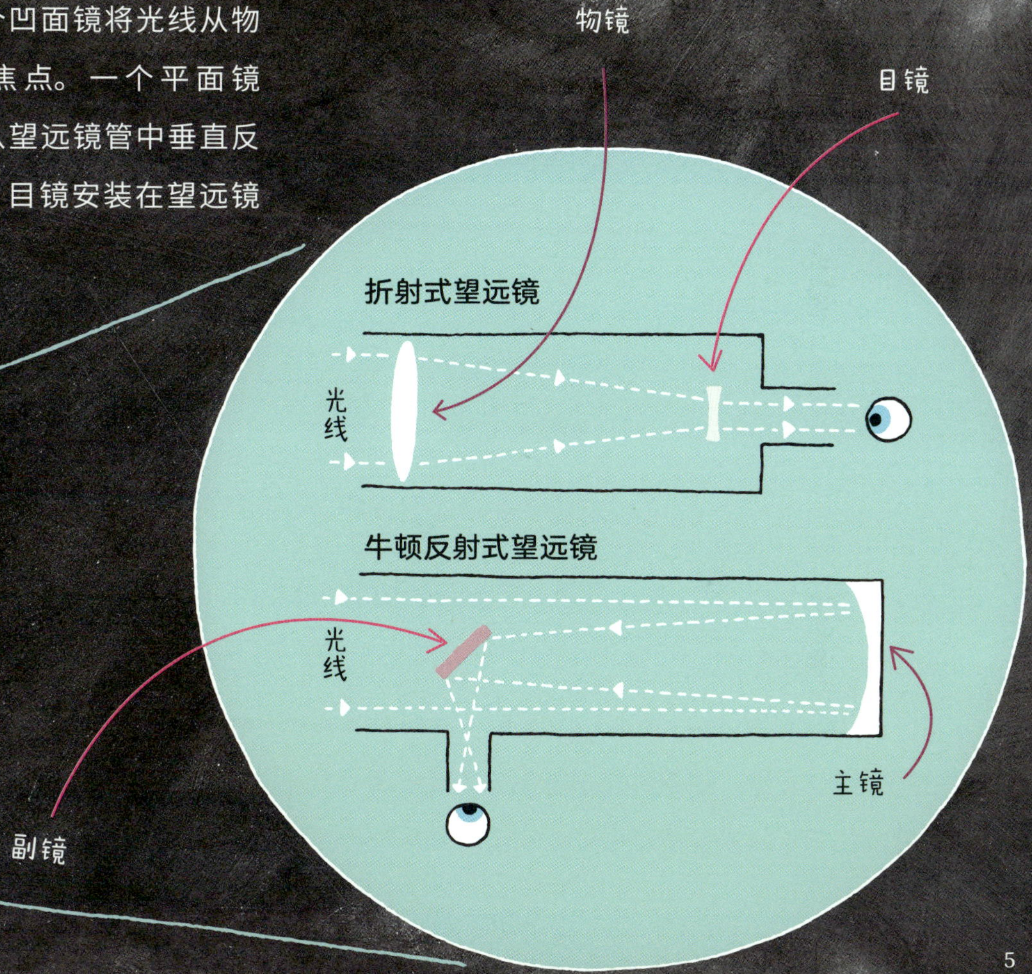

物镜

目镜

折射式望远镜

光线

牛顿反射式望远镜

光线

主镜

副镜

大爆炸和大挤压

当我们开始了解天文学时，我们首先需要知道宇宙中的一切是如何产生的，以及这一切最终可能如何结束。但别担心，我们是不会看到这一切的！

看向星空！

大多数天文学家认为，整个宇宙是在138亿年前以一种最壮观的方式被创造出来的，这个过程被称为大爆炸。当时，所有的生命，我们现在知道存在的一切，都被包含在一个比针头小1000倍的气泡中。想象一下吧！然后在某个时刻——由于天文学家尚未弄清的原因——这个气泡膨胀并爆炸，在极短时间内从一个原子那么大膨胀到一个星系那么大，释放了时间、空间和其他所有物质，创造了我们现在所说的宇宙。

大爆炸后约30万年，宇宙开始减缓其膨胀速度，冷却下来，温度稍微降低了些。当这种情况发生时，氦气和氢气云就开始出现——恒星由此诞生。一旦恒星形成，宇宙就开始成形。

关注太空

　　大爆炸理论只是概述宇宙最终命运的众多理论之一，大挤压理论也被认为是描述生命将如何结束的最合适理论之一。如同大爆炸理论——万物的超快速膨胀和爆炸——一样，大挤压理论与万物的最终收缩有关。宇宙不再不断扩张，而是停止伸展（就像拉橡皮筋一样），开始自我坍缩，最终回到一个奇点，或者像许多人理解的那样，变成一个巨大的黑洞。随着暗能量和暗物质的发现，现代天文学家认为，宇宙将永远无法停止膨胀，并永远增加尺寸。如果是这样的话，对地球和宇宙中任何地方的生命来说，都不会遭遇大挤压理论的结局。你认为宇宙将以什么样的形式结束？有什么好的想法吗？

走近天文学！

　　如果你相信有世界末日，那么就不要太担心大挤压。在几十亿年后，我们的太阳将开始燃烧其体内所有的氦，并逐渐转变为一颗红巨星——慢慢变成一个大型的气体外壳。一旦这个过程开始，太阳就开始迅速增大，许多天文学家认为，到那时，我们太阳系中的许多——甚至可能是全部——行星将被吞噬和消耗。

引力

理解天文学的一个关键因素是引力 —— 吸引宇宙中每个物体向其他物体移动的力量。宇宙中的每个物体都会被其他物体所吸引。

看向星空!

仰望天空,从我们太阳系的8颗行星中选择一颗进行观察吧。以木星为例,它是我们太阳系中最大的行星(因此具有更大的引力)。宇宙中的任何物体,都有质量,牛顿的万有引力定律(1687年提出),以及爱因斯坦的广义相对论(1915年提出),概述了宇宙中任何有质量的物体都会互相吸引。因此,木星、月球、太阳以及其他我们所知的一切,都在拉扯着你和其他一切。在我们的太阳系中,是引力使地球和其他行星保持在围绕太阳的轨道上,也是引力导致了海洋的潮汐。

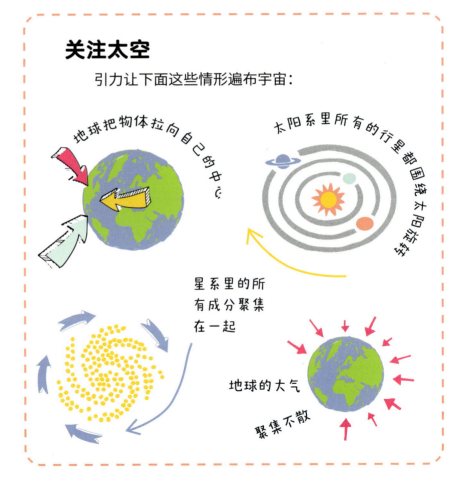

关注太空

引力让下面这些情形遍布宇宙:

地球把物体拉向自己的中心

太阳系里所有的行星都围绕太阳旋转

星系里的所有成分聚集在一起

地球的大气聚集不散

如何对抗引力

如果重力是一种将物体拉向对方的力量，那么你认为反重力是什么？没错，它的作用恰恰相反。违背重力是可能的，方法如下：把一块纸板放在一个装满水的水杯的顶部，确保纸板覆盖整个杯子的顶部。用你的手捏着纸板，另一只手拿起杯子，把它倒过来。然后慢慢将你的手从纸板上移开。你会发现纸板并没有掉到地上 —— 这似乎违背了所有的重力规则。

惊人的事实

由于玻璃杯内没有空气，玻璃杯外的气压大于玻璃杯内水的压力。额外的空气压力设法将纸板固定在原位。这不是魔术——这是科学！

银河系

我们可能觉得我们的地球就孤零零地悬在宇宙的正中央。但实际上，我们处在银河系这个紧密的旋涡星系之中，而且离它的中心 28 000 光年。因为地球就在银河系内部，所以无论什么时候我们看向星空，都是在观察银河系！

看向星空！

银河系，我们的星系家园，几乎和宇宙本身一样古老。银河系包含大约 2000 亿颗恒星（也可能高达 4000 亿！），被称为旋涡星系。虽然离最大的已知星系还差得远（目前已知的最大星系是 IC 1101，有超过 100 万亿颗恒星），但银河系被认为是一个中等规模的星系。银河系充满了灰尘和气体（足以制造更多的恒星），其中心有一个超大质量的黑洞，比我们太阳的质量大几十倍。地球，连同我们太阳系的大部分，都位于距离银河系中心约 28 000 光年的地方。

关注太空

我们的太阳系位于银河系这个旋涡形的星系的一个旋臂分支上。这个旋臂分支被称为猎户座旋臂。这个星系之所以被称为银河系（Milky Way），是因为我们的古代天文学家认为它看起来像天空中一条薄而朦胧的牛奶（milk）河。在宇宙中，银河是不断旋转的。银河系中超过一半的恒星比我们的太阳还要老，而太阳已有 45 亿岁。

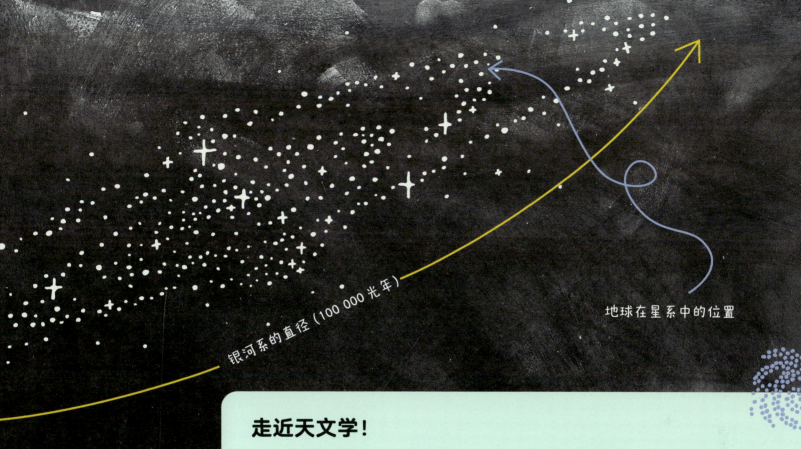

银河系的直径 (100 000 光年)

地球在星系中的位置

走近天文学！

　　20世纪20年代，天文学家认为宇宙中所有的恒星都包含在银河系中。直到美国天文学家埃德温·哈勃利用特殊的恒星，即所谓的造父变星，来精确测量距离，他才意识到在我们的星系之外还有其他独立的星系。

建造你自己的火箭

天文学在20世纪和21世纪的发展突飞猛进，这得益于火箭。如果没有这些工程学上的壮举，我们永远无法将卫星和望远镜（如大名鼎鼎的哈勃望远镜）送入轨道，拍摄令人震惊的照片，我们也无法将宇航员送入太空。为了向这些爆炸性的奇迹致敬，让我们制造自己的"火箭"，并把它发射到太空中去！

需要准备的东西

为了制作火箭，你需要准备以下物品：

- 1个气球（圆形的也行，但长的、飞艇型的气球效果最好）
- 1根长的风筝线，3~4.5米长
- 1根塑料吸管
- 黏性胶带
- 父母的许可
- 飞行员执照（只是开玩笑）

让我们开始吧

一旦你准备好了一切，我们就可以开始点火的倒计时……

⭐ 1.将绳子的一端系在椅子上。

⭐ 2.将绳子的另一端穿过吸管。

⭐ 3.拉紧绳子，把它绑在房间里的另一个物体上，比如门把手。

⭐ 4.把气球吹起来（但不要绑住气口）。

⭐ 5.捏住气球的气口，把气球绑在吸管上，如下页图所示。

⭐ 6 发射时间到……只要你准备好了，就可以放开气球了。

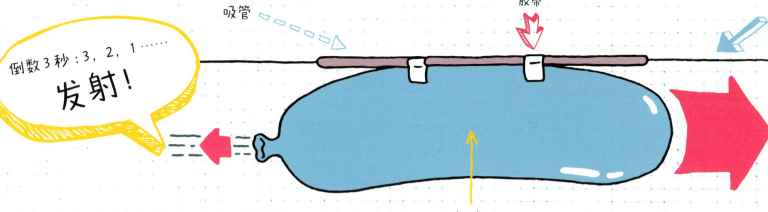

吸管

胶带

绳子

倒数3秒：3，2，1……
发射！

气球

走近天文学！

　　那么，这种气球火箭到底是怎样工作的呢？当气球内的气体被迅速释放出来时，根据牛顿第三定律——作用力与反作用力定律，气球向后喷出的气体会产生一个向前的反作用力，也就是我们所说的"推力"，推动气球向前飞行。在真正的太空火箭中，推力也是这样产生的：火箭燃料燃烧后形成大量高温、高压气体，这些气体高速从火箭的尾部喷出，产生强大的反作用力，从而推动火箭不断上升，飞向宇宙深处。

惊人的事实

　　美国发射的深空一号探测器使用了"离子发动机"技术，其原理是：设法使探测器内携带的惰性气体氙由中性原子变为一价离子，然后用电场加速这些离子，使其高速地从探测器尾部喷出，利用反冲力使探测器获得推动力。

太阳系

太阳占了太阳系所有质量的99.9%（剩下的0.1%被木星和土星占了90%），其直径为1 392 045千米，其引力决定了其他天体的运动轨迹。

看清楚了！

我们的太阳系诞生于45亿年前，当时一团黑暗、寒冷的氢气云与其他气体和80亿年前的太空尘埃混合，这片巨大的云在其自身的引力下坍缩，并开始旋转，成为一个巨大的、旋转的圆盘。在旋转的过程中，空间尘埃开始发生碰撞并聚集在一起，形成更密集的团块，并演变为大块的岩石和金属。

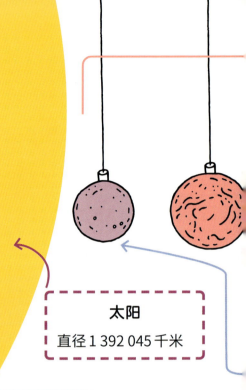

太阳
直径1 392 045千米

关注太空

我们太阳系中的行星分为两种类型——气态巨行星和类地岩质行星。5000万年后，太阳变成了一颗恒星，被巨大的热核反应点燃。岩石和金属的固体团块不断碰撞，它们最终在太阳系的内部区域形成了岩质行星——水星、金星、地球和火星。我们太阳系中的4颗气态巨行星（木星、土星、天王星和海王星）是在太阳系较冷的外部区域形成的，当时大块的岩石和冰聚集在超大体积的气体周围。

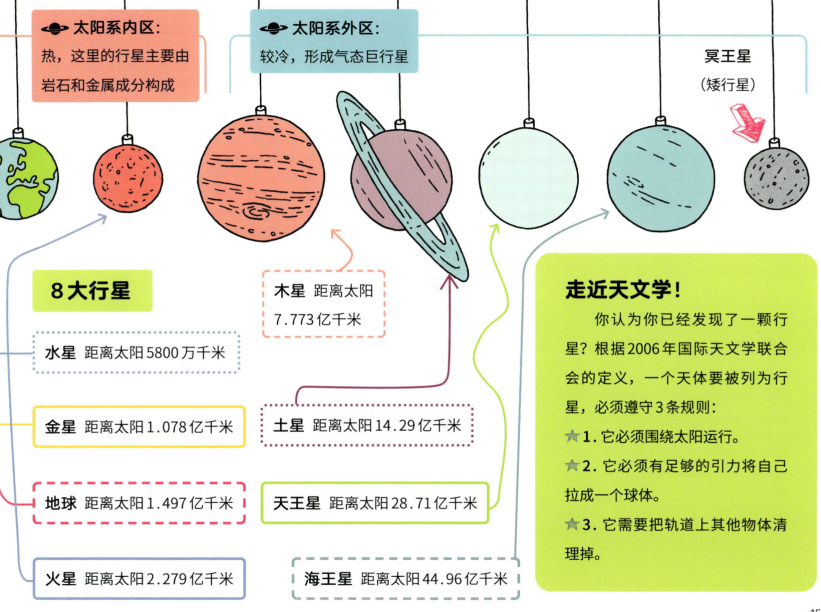

太阳系内区：
热，这里的行星主要由岩石和金属成分构成

太阳系外区：
较冷，形成气态巨行星

冥王星
（矮行星）

8大行星

木星 距离太阳
7.773亿千米

水星 距离太阳5800万千米

金星 距离太阳1.078亿千米

土星 距离太阳14.29亿千米

地球 距离太阳1.497亿千米

天王星 距离太阳28.71亿千米

火星 距离太阳2.279亿千米

海王星 距离太阳44.96亿千米

走近天文学！

你认为你已经发现了一颗行星？根据2006年国际天文学联合会的定义，一个天体要被列为行星，必须遵守3条规则：

★1.它必须围绕太阳运行。

★2.它必须有足够的引力将自己拉成一个球体。

★3.它需要把轨道上其他物体清理掉。

创造你自己的太阳系！

如果你对散布在宇宙中的恒星、行星和星系感兴趣，那么为什么不在你的后花园里"制作"你自己的太阳系呢？你不仅可以感受到我们的"宇宙邻居"有多大，还可以在这个过程中获得一些乐趣。

看清楚了！

太阳系8颗行星的大小、质量、密度、颜色、组成成分等都各不相同，这是由它们在形成时的初始条件、化学组成、距离太阳的远近以及各自的地质和大气成分的差异造成的。这些差异为天文学家提供了丰富的研究对象。

惊人的事实

有一个巨大的冰冻彗星云，叫作奥尔特云，它环绕着我们的太阳系。它与太阳的距离大约是地球与太阳距离的5万倍。你需要多少卷卫生纸才能把云放在我们的模型上？

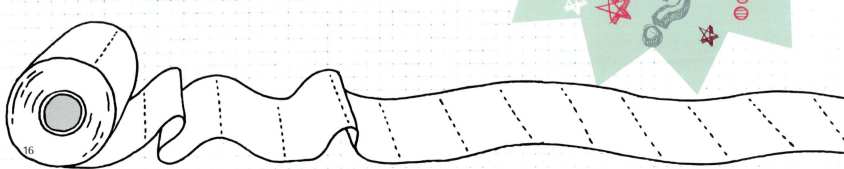

关注太空

为了了解太阳系有多大，我们可以做一个非常漫长和无聊的练习，在计算器上计算出来……或者我们可以用一卷卫生纸来直观演示！

需要准备的东西

◆ 一卷卫生纸（至少有200节）

◆ 一支记号笔

◆ 胶带（用于修补！）

◆ 一条安静的街道——需要大约26米的距离

让我们开始吧

用这个表格在每节合适的卫生纸上标出（或画出）正确的星球。从第一节上的太阳开始，从那里向外展开，你很快就会直观感受到太阳系大得惊人……

行星	距离太阳的卫生纸的节数	误差
水星	2	—
金星	3.7	1.7
地球	5.1	1.4
火星	7.7	2.6
谷神星（小行星）	14	6.3
木星	26.4	12.4
土星	48.4	22
天王星	97.3	48.9
海王星	152.5	55.2
冥王星（矮行星）	200	47.5

最近的恒星

在我们的银河系中可能有 2000 亿颗恒星，所以有很多东西等着你去发现！你能说出离地球最近的恒星吗？问一问朋友，看看他们是否知道答案。许多人都会试图说出他们可能知道的恒星的名字，比如半人马座阿尔法星或参宿四，但他们都错了。显然，答案是我们的太阳。

看向星空！

要想成为一名新晋天文学家，对天体的了解是非常重要的，比如地球附近的恒星和著名星座。这些恒星和星座不仅可以作为天空中自然存在的地图，帮助我们定位其他更难看到的天体，而且还可以给我们提供线索，让我们了解可能发现的其他恒星。

20 颗距离地球最近的恒星（除了太阳）

恒星	距离 / 光年	恒星	距离 / 光年
半人马座阿尔法星	4.3	罗斯 128	10.9
伯纳德星	5.9	宝瓶座 EZ	11.3
沃尔夫 359	7.8	南河三	11.4
拉兰德 21185	8.3	天鹅座 61	11.4
天狼星	8.6	斯特鲁夫 2398	11.5
鲁坦 726-8	8.7	格鲁姆伯利奇 34	11.6
罗斯 154	9.7	印第安座	11.8
罗斯 248	10.3	巨蟹座 DX	11.8
波江座	10.5	鲸鱼座 tau	11.9
拉卡伊 9352	10.7	GJ106	11.9

关注太空

　　虽然很难计算，但天文学家认为，一旦你的眼睛适应了黑暗（即你仰望天空的时间超过20分钟），你就可以看到大约5000颗肉眼可见的星星。出于你的天文目的，让我们了解一下半人马座阿尔法星 —— 离我们太阳最近的恒星（它实际上是一个"三星系统"）。

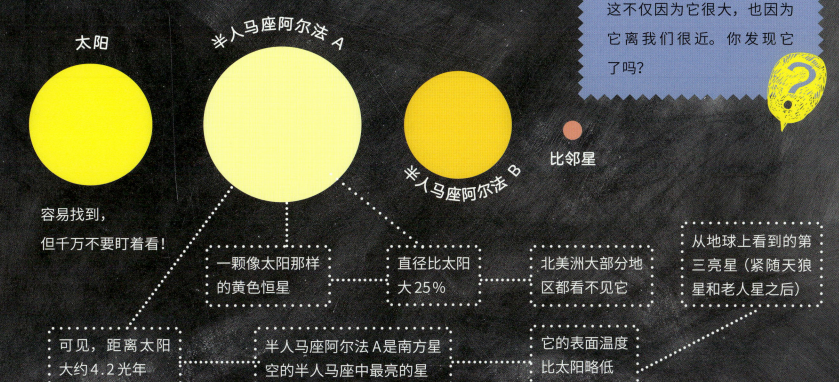

太阳

※人马座阿尔法 A

半人马座阿尔法 B

比邻星

容易找到，但千万不要盯着看！

一颗像太阳那样的黄色恒星

直径比太阳大25%

北美洲大部分地区都看不见它

从地球上看到的第三亮星（紧随天狼星和老人星之后）

可见，距离太阳大约4.2光年

半人马座阿尔法 A是南方星空的半人马座中最亮的星

它的表面温度比太阳略低

19

奇怪的行星

宇宙中充满了奇特的外星星球，我们都想去度假，不过要花很长时间才能到达那里，而且我们一踏上那里就会面临死亡威胁。你可能还不能通过你的望远镜发现这些行星，因为它们离我们太远了，但请继续寻找。

看向外太空！

1992年，天文学家在太阳系外发现了第一颗行星，在全世界引起了轰动。截至2022年，人类确认发现的系外行星数量已经超过了5000颗——其中一些确实相当奇怪。

钻石行星

钻石行星——又名55 Cancrie，看上去表面布满"钻石"，实际上是一颗岩石行星。

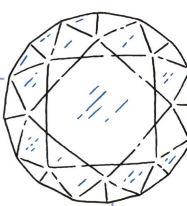

- 位于巨蟹座
- 半径是地球的2倍
- 质量是地球的9倍
- 距离地球40光年
- 表面温度为2149°C
- 钻石行星的表面上不存在水源，其主要组成成分是碳、铁、碳化硅

熔岩行星

2013年10月，天文学家发现了一个令人困惑的熔岩星球，名叫开普勒78b。它的大小和组成成分与地球高度相似，但其轨道运行模式至今仍令天文学家感到困惑。

* 比地球宽20%
* 比地球大80%
* 质量是地球的1.69倍
* 绕着天鹅座中的一颗类似太阳的恒星运行，距离地球400光年
* 每8.5小时绕其母星运行一周（有史以来发现的运行速度最快的系外行星之一）
* 表面温度为2027°C——热得足以熔化铁块
* 这个外星世界不应该存在于它所在的位置——这颗行星在一颗恒星内形成！
* 这颗行星已经时日无多——还有30亿年左右
* 离它的母星很近——比地球与我们的太阳还要近100倍

走近天文学！

银河系有上千亿颗恒星，几乎每颗恒星都有自己的行星，按照这个比例，潜在的宜居行星数量是超乎想象的。那么，总有一天我们能够找到人类的第二个家园，甚至是地外生命以及智慧文明。

爱因斯坦和光速

在天文学中，各种波长不同的光都是很重要的。事实上，它是最重要的东西。如果恒星、星系或行星不产生任何光（任何波长），那么我们不仅不知道它们的存在，也无法计算它们有多远，而且我们每天晚上也看不到这些美丽的东西。

> 我们根据定义，可以确定光从A到B所需的"时间"等于光从B到A所需的"时间"。
>
> ——阿尔伯特·爱因斯坦

299 792 458 米/秒

看向星空！

任何具有静止质量的物体都无法达到或超过光速，因为这需要无穷大的能量。

第一个测量光速的人

第一个几乎准确地测量出光速的人是荷兰人奥勒·罗默。但在 20 世纪初，是阿尔伯特·爱因斯坦推导出狭义相对论，并计算出光速始终是恒定的：无论你对它施加什么影响，光速将始终保持不变。正是在这个理论中，他提出了著名的方程式——$E=mc^2$，即能量等于质量乘以光速的平方。

关注太空

爱因斯坦在他的理论中指出；除非你能看到另一个物体，否则不可能确定你是否在移动，他的理论是，所有的运动都是相对于其他物体而言的。例如，此刻你正在阅读这本书，你根本没有移动，但相对于太空中遥远的星系、恒星和行星（即从它们的角度），你的移动速度几乎是光速。相对于地球，大多数陨石以每小时约 25 000 千米的速度移动，但如果你站在一块陨石上，看着另一块与你同方向、同速度移动的陨石，它似乎根本就没有移动。

$E = mc^2$

$$1 \text{ 光年} = 9.4605284 \times 10^{15} \text{ 米}$$
$$\text{或 } 9\,460\,528\,400\,000\,000 \text{ 米}$$

走近天文学！

2011 年，在日内瓦欧洲核子研究组织的大型强子对撞机上进行的"乳化液跟踪装置振荡项目"（即OPERA实验）成为全世界的头条新闻，因为他们观察到中微子——微小的亚原子粒子——似乎比光速快。世界为之疯狂，认为科学家发现了一种新粒子，可以打破爱因斯坦的狭义相对论。但事实并非如此：在实验过程中计算大量数据的计算机弄错了数字！

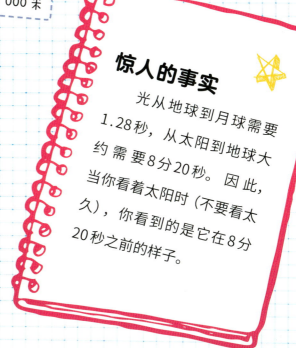

惊人的事实

光从地球到月球需要 1.28 秒，从太阳到地球大约需要 8 分 20 秒。因此，当你看着太阳时（不要看太久），你看到的是它在 8 分 20 秒之前的样子。

23

献给你的戒指：土星

土星是我们通过望远镜观察到的最美丽的行星之一。尽管土星的星环系统并不是其独有的，其他气态巨行星海王星、木星和天王星也有星环，但土星著名的星环是最独特的。你对它们了解多少呢？

看向星空！

被伽利略描述为"有耳朵"的物体，土星——太阳系中离太阳第六远的行星——是一个由90％的氢和10％的氦组成的气态巨行星。通过望远镜可以看到它发出暗黄色的光芒，土星独特的星环使它成为天文学家的最爱。6条明亮、独特、宽阔的环线由环绕的冰粒组成，这些冰粒有的小如沙粒，有的大如山峰。土星的卫星对环的产生和存在影响极大。

走近天文学！

每个环都以不同的速度绕着土星"旅行"，环产生的雨水落在土星上。

关注太空

正如卡西尼号航天器捕捉到的那样，土星环中有不计其数地小颗粒，其大小从微米到米都有，轨道成丛集的绕着土星运转。环中的颗粒主要成分是水冰，还有一些尘埃和其它的化学物质。直到今天，土星环形成的原因还不十分清楚，据天文学家推测可能是由彗星、小行星与较大的卫星相撞后产生的碎片组成的。

D环

距离 66 970 ~ 74 490 千米

宽度 7500 千米

最内层的环，主要由尘埃组成

C环

距离 74 490 ~ 91 980 千米

宽度 17 500 千米

这个环被称为"绉绸环"

B环

距离 91 980 ~ 117 580 千米

宽度 25 500 千米

最宽、最亮的环

A环

距离 122 050 ~ 136 770 千米

宽度 14 600 千米

F环

距离 140 224 千米

宽度 30 ~ 500 千米

这个环与普罗米修斯和潘多拉
两颗卫星相关

G环

距离 166 000 ~ 174 000 千米

宽度 8000 千米

E环

距离 180 000 ~ 480 000 千米

宽度 300 000 千米

巨大的外环，主要由细小的冰粒组成

土星概况

★ 有 62 颗卫星；泰坦是最大的

★ 与太阳的平均距离 1434 万千米

★ 一天的长度为 10.656 小时

★ 一年的长度为 29.4 个地球年

★ 大气层含 97% 的氢和 3% 的氦

距离是从行星中心
到环的起点测量的。

以手量天

作为一名天文学家，花哨和昂贵的设备并非必需。有时，最好的设备就在你面前！

看向星空！

俗话说，"我对这样和那样的事情了如指掌"，那么，现在你将对天空"了如指掌"，这是你在天空中寻找方向的基本技能。

天顶方向！

关注太空

仰望天空时，你会看到180°的视野。天文学家用度数来测量天空中的大距离和大小。例如，90°是指从地平线（你正前方的一点）到天顶点（你头顶正上方的一点）的距离。当你通过望远镜看时，你的视野被缩小到只有1°。在这个阶段，天文学家使用所谓的角分和角秒来测量距离。1°内有60个角分，1角分内有60个角秒。

1°

地平线

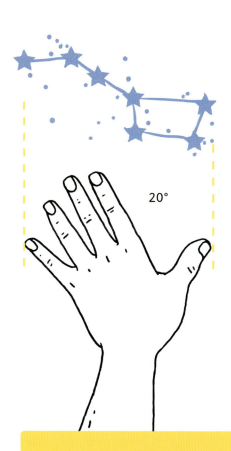

天空的最高点叫天顶。

20°

10°

2°

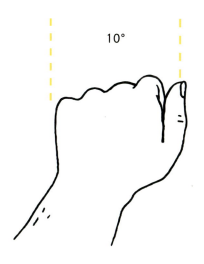

如果你在前面伸直手臂，手背朝向自己，从拇指尖到小指尖的距离是20°——大约是北斗七星中第一个和最后一个星星之间的距离。

你可以用你紧握的拳头在手臂长度上测量更小的距离：你拳头的宽度相当于10°。

你的小指应该能覆盖整个月球，代表1°，而你的拇指是2°。在熟悉了这个技巧之后，你应该对各种星星或行星之间的距离有了更直观的感受。

地球在太空中的位置

地球，这颗蓝色的星球，既是宇宙中渺小的一粒尘埃，又是独一无二的存在。它在浩瀚的宇宙中，以一种近乎完美的姿态，诉说着生命的传奇。让我们花一分钟时间来思考我们的星球在太空中的天文地位。

看向星空！

如果你乘坐过飞机，你会知道从10 671米的高空俯瞰地球是一件多么美妙的事情，你可以从与星星相同的角度来观察我们的星球。想象一下，在海平面以上402千米的国际空间站中飘浮的宇航员和宇航员的视野。

关注太空

1990年，旅行者1号太空探测器从60亿千米的距离观察我们的星球，并将图像传回地球。这张照片被称为"暗淡蓝点"，是有史以来最著名的照片之一，不是因为你看到了地球的"威严"，而是因为在浩瀚的太空中，它只不过是一个小点。

地球是太阳系中唯一有构造板块的星球——没有它们，地球就会过热。

国际空间站

地球自转正在缓慢减速，每100年减慢17毫秒。这意味着在1.4亿年前，我们的祖先每天有25小时。

地球核心处的温度和太阳表面一样热。

迄今为止，地球上已有1060亿人存在过。

地球上一天的长度是23小时56分4秒，不是24小时。

地球已有45.4亿岁了！

从1957年的斯普特尼克1号开始，已经有38 000个人造天体围绕地球飞行

每天有100吨小陨石进入地球大气层。

地球的铁镍核心快速旋转，制造出了强大的磁场。这个磁场可以保护地球免受太阳风的伤害。

恒星天文学：第一部分

　　下面这三位科学家是天文学领域的"英雄"。他们之所以了不起，是因为他们不仅在科学上取得了卓越成就，更在于他们通过探索宇宙，改变了人类对自身和宇宙的认知，为人类的未来开辟了新的可能性。

伽利略·伽利雷

➤ **1564 年生于意大利比萨**

⭐ 伽利略革命性地改进了他那个时代的望远镜 —— 将放大率从 ×3 提高到 ×30！

⭐ 伽利略证实了太阳是我们太阳系的中心，这一理论是由尼古拉斯·哥白尼首次提出的。这在当时是革命性的，因为世界上大多数人仍然相信地球是宇宙的中心。

⭐ 第一次观察到月球有坑洞，木星有 4 个卫星。

⭐ 第一次观察到有成千上万颗肉眼看不见的星星。

⭐ 伽利略用简明扼要的语言写出了人人都能理解的内容。

⭐ 他还观察到太阳上有"斑点"。

⭐ 因为土星是倾斜的，当它的星环正面对着地球时，它们会从我们的视野中"消失"。我们现在知道，这种情况每 14 年左右就会发生一次，但是当它们"消失"，然后在几年后"重新出现"时，可怜的伽利略会怀疑自己的眼睛。

艾萨克·牛顿

力=质量×加速度

➤ **1643 年出生于英国林肯郡**

☆ 牛顿在 1688 年发明了反射式望远镜 —— 这是今天仍在使用的最常见的望远镜类型之一。

☆ 他发现了万有引力定律，并在 1687 年建立了三大普遍运动定律。这些定律是：

1. 任何一个物体在不受外力或受平衡力的作用时，总是保持静止状态或匀速直线运动状态，直到有作用在它上面的外力迫使它改变这种状态为止。

2. 物体的加速度与物体所受的合外力成正比，跟物体的质量成反比，加速度的方向与合外力的方向相同。

3. 每两个物体之间的作用力和反作用力，在同一直线上，大小相等，方向相反。

☆ 牛顿发明了微积分。

☆ 牛顿的贡献不仅仅是在科学上，他还曾经担任过英国皇家造币厂的督办，帮助英国解决了银币危机。

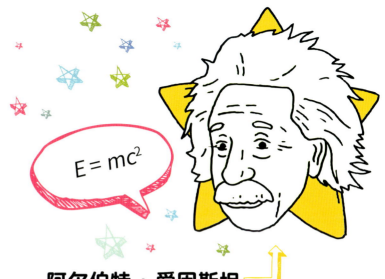

$E = mc^2$

阿尔伯特·爱因斯坦

➤ **1879 年出生于德国乌尔姆**

☆ 阿尔伯特·爱因斯坦是"十大精英大脑"的代名词。

☆ 在他的"奇迹"之年，也就是 1905 年，爱因斯坦发现了狭义相对论，$E = mc^2$ 方程（假设所有物质都可以变成能量），以及量子的概念 —— 物质在亚原子层面的物理现象。

☆ 爱因斯坦在 5 个星期内提出了他的狭义相对论，但他花了 4 年时间来发展广义相对论。

恒星天文学：第二部分

在开始探索恒星的旅途之前，你需要再了解另外三位天文学英雄。

约翰内斯·开普勒

➤ 1571 年生于德国魏尔德施塔特

⭐ 天体力学之父。

⭐ 开普勒创造了"卫星"和"轨道"这两个词。

⭐ 他是第一个提出太阳围绕其轴线旋转的人。

⭐ 开普勒提出了"行星运动三定律"，其中规定：

1. 行星围绕太阳的运动轨迹是椭圆形的，太阳的中心位于一个焦点上（椭圆定律）。

2. 从太阳中心到行星中心的连线将在相等的时间间隔内扫出相等的面积（等面积定律）。

3. 任何两颗行星的周期的平方之比等于它们离太阳平均距离的立方之比（和谐定律）。

尼古拉·哥白尼

➤ **1473 年生于波兰托伦**

⭐ 他开创了现代天文学。

⭐ 哥白尼的《天球运行论》改变了我们看待宇宙的方式。

⭐ 他提出了日心说的概念——太阳是宇宙的中心。这打破了 2000 多年前，也就是自罗马时代起人们就相信的地心说。想象一下，有一天醒来，发现地球不再是宇宙的中心！

⭐ 哥白尼是第一个把太阳当作宇宙中心的人。

⭐ 哥白尼是第一个提出地球不是一个静止物体的科学家。

⭐ 他提出了太阳每天在其轴上旋转一次的观点。

⭐ 他并不是一位职业天文学家。

埃德温·哈勃

➤ **1889 年出生于美国密苏里州**

⭐ 银河系外天文学的先驱者。

⭐ 哈勃有两项重要的天文学发现。

1. 1923 年，他发现我们所在的太阳系不是唯一的星系。

2. 1929 年，他发现一个星系离地球越远，它的移动速度就越快。这个关于宇宙膨胀的概念构成了大爆炸理论的基础——宇宙在某一时刻以强烈的能量爆炸开始，此后一直在膨胀。

⭐ 20 世纪 30 年代，哈勃声称星系均匀地分布在空间中。这是一个错误命题，其他科学家很快就推翻了它。哎呀！

连接这些点

一双普通的眼睛可以看到夜空中大约 5000 颗星星。天文学家称这些为裸眼恒星。但是，你不可能把它们的名字都叫出来，这些星星作为个体不容易被记住，但作为群体，就便于记忆了。

看向星空！

星座是一组恒星，从地球上看，它们在夜空中形成了一个图案或形状。1925 年，国际天文学联合会命名了 88 个正式的星座，并将具体的星座名称分配给天空的各个区域。尽管这 88 个星座中的许多星座并不像它们名字那样，但不用担心 —— 从天文学的角度来看，星座只是一种有用的方法，可以帮助人们识别天空中的星星位置。

走近天文学！

夜空中可见的最亮的星座是南十字星座。可见星星数量最多的星座是半人马座，有 101 颗恒星。最大的星座是水蛇座，占天空面积的 3.158%。

关注太空

当把天空中星座中的点连接起来时，记住它们便容易多了。虽然星座中的某些恒星可能看起来非常接近，但实际上它们可能相隔很远，彼此之间没有任何真正的联系。

地平线上可见星座前5名

1. 小熊座
2. 大熊座
3. 仙后座
4. 仙王座
5. 天龙座

黄道12星座

你能说出所有12个黄道星座及其对应的动物吗？来试一试吧！

 室女座

 天秤座

 狮子座

摩羯座

人马座

双子座

 金牛座

宝瓶座

白羊座

双鱼座

巨蟹座

天蝎座

怎样成为一名宇航员

在某个阶段，似乎每个人都有长大后想成为一名宇航员的梦想。但是你有这个能力吗？如果你想近距离观察星星，那么你可能需要把你的游戏机收起来，然后开始努力——这需要大量的辛苦付出。只有各方面素质都非常优秀的人才能成为宇航员。

什么样的人才能被选为宇航员？

太空中的环境非常严酷和极端，在那样的地方工作和生活要求宇航员有相当高的素质，候选者必须头脑灵光、身体强健、应变能力强、心理素质过硬，而且有极好的团队合作能力。

当整个团队面临两难抉择时（比方说，是选择牺牲数据还是抢救设备），队员之间的默契度越高，他们就越容易在决策上达成一致，行动力也就越强。

关注太空

美国国家航空航天局从具有各种背景的申请人中挑选宇航员。美国国家航空航天局每年会收到数千份申请，但只有少数人被选中参加位于得克萨斯州休斯敦的约翰逊航天中心的宇航员候选人培训计划。到目前为止，被选中的宇航员只有300多名。

对宇航员的基本要求包括：

① 在工程学、生物科学、物理科学或数学方面获得认可机构的学士学位，最好有一个高级学位。

② 在喷气式飞机上有至少 1000 小时的飞行员指挥时间，试飞经验是必要的。

③ 能够通过美国国家航空航天局的太空体检，该体检类似于军事或民用飞行体检，包括以下具体标准：

☆ 每只眼睛矫正视力要达到 1.0。

☆ 坐姿测量的血压不超过 140/90 毫米汞柱。

☆ 身高为 157.5 ～ 190.5 厘米。

惊人的事实

在太空中吃的所有食物都是预先煮过或加工过的。你不能在太空中煮面条，因为首先水无法烧开！宇航员比尔·桑顿曾经打开一包MM豆作为睡前点心。一些糖果飘走了，它们后来又飘回来了，在他睡着的时候打在了他的脸上。

走近天文学

"宇航员"这个词来自希腊语，意思是"太空水手"，这是一个奇妙的说明性词语，可以让人联想到英雄人物乘坐奇妙的太空船在星辰大海中航行的画面！

太阳来了

太阳的引力使地球围绕太阳运动。它为地球上的生命提供了源源不断的能量。天文学家认为，太阳大约在46亿年前诞生于气体云和尘埃之中，现在已经到了它的生命中期。

看向星空！

太阳是一颗黄矮星，主要构成物质是氢。太阳核心处温度高达1500万度，压力相当于3000亿个大气压，在那里，随时都在进行着4个氢核聚变成1个氦核的热核反应。想象一下，如果人类能够将太阳1秒钟放出的所有能量都搜集起来并加以利用，那么这些能量将足够人类使用60万年之久。

日冕

太阳的外层大气，温度很高

色球层

一层发光的红色氢气

走近天文学！

从现在起大约50亿年后，太阳将成为一颗红巨星，可能会吞噬太阳系的所有行星。

耀斑

太阳表面发生的强烈和突然的辐射爆发现象

光球层

太阳的可见表面

让我们开始吧

千万不要直视太阳 —— 太阳强烈的光线会导致失明，所以请你小心。正因为如此，天文学家们设计了一个巧妙的方法来观察太阳，以及著名的太阳黑子。

⭐ **1.** 将一个望远镜放在太阳可直射的窗边。因为太阳又大又亮，所以不需要复杂的望远镜。

⭐ **2.** 剪一个正方形的硬纸板套在望远镜上，当作遮光板。这个遮光板要足够大，以阻挡阳光直射到幕布上。

⭐ **3.** 用一张大白纸或者白墙当作幕布，当望远镜正确聚焦时，你将在幕布上看到太阳和它的黑子。

✦惊人的事实✦

日食发生时，月球从太阳前面经过，并阻挡了太阳的大部分光线。太阳的直径为1 391 000千米，比我们的月球（3476千米）大400倍。但是，月球也恰好比太阳离地球近400倍，所以月球看起来可以完全覆盖太阳！你是不是觉得这很神奇。

运动中的行星

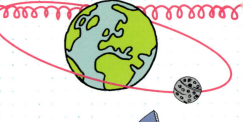

仰望天空时，一切都可能看起来是静止的。但事实并非如此。我们在天空中看到的一切都在快速移动，不仅相互远离，而且还在轨道上移动。

看向星空！

我们的地球正以椭圆的方式围绕太阳运行。太阳的质量如此之大，由于引力的作用，它把太阳系中的所有行星都吸引到了它的身边，现在它们围绕太阳"跳"着优美的舞蹈。

太阳系中的每颗行星都有自己围绕太阳运行的椭圆轨道。从天文学的角度来看，每颗行星的轨道都是了不起的 —— 太阳把一切都拉向它，但由于太阳系中的行星有自己的速度，它们被卷入了围绕太阳的旋转中，同时从未撞向它。

太阳对外太阳系的行星的拉力较小，所以它们以较慢的轨道围绕太阳旋转。由于它们旋转的速度较慢，所以离心力较小（一个物体推离另一个物体，与重力相反），但由于它们距离较远，重力也较小，所以它们保持在一个稳定的轨道上。离太阳较近的行星的轨道要快得多，因为它们更近，离心力也更大，正好抵消了太阳更大的引力。

行星轨道

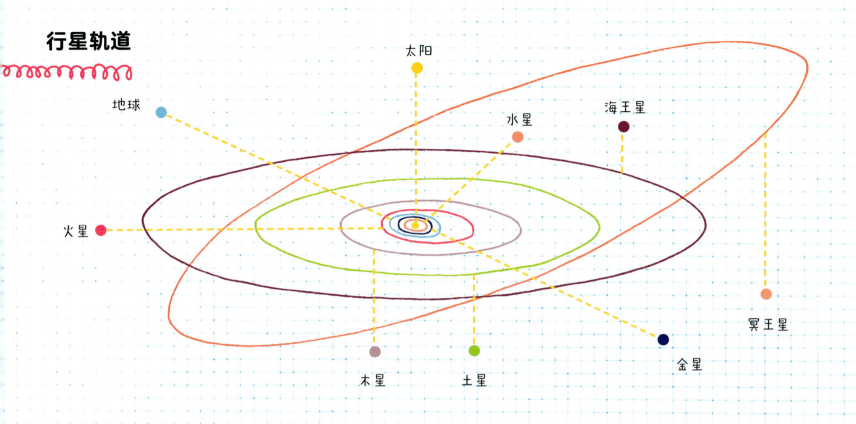

太阳

地球

水星

海王星

火星

冥王星

木星

土星

金星

月球27天7小时43分钟11秒绕地球一圈。

由于潮汐和杂散的空间粒子引起的摩擦，地球的自转速度逐渐减慢，这意味着一天将会更长！地球形成之初，一天的时间为13～14小时。

每年，月球在轨道上远离地球4厘米。

地球在摇摆，这个过程被称为岁差。这主要是由于外部引力对地球赤道隆起的拉扯。太阳和月球拉扯着地球的隆起，使地球摇摆不定。

小行星带

地球被包围了，从字面上说就是这样，包围地球的是小行星。如果你是一名宇航员，要去木星旅行，在路上你将看到天文学中最迷人的风景之一 —— 小行星带。

看向星空！

我们总倾向于认为太阳系只包含太阳和几个行星及其卫星。却忘记了实际上有成千上万的小天体漫游在太阳系中，它们就是小行星。第一颗小行星是在 19 世纪早期被发现的。小行星在天文望远镜里仅仅是一个光点，所以小行星的英文"asteroid"字面意思是"类恒星"。

走近天文学！

小行星带中高密度的天体分布使得彼此间频繁碰撞，碰撞会产生许多小行星的碎片，从而生成一些新的小行星族，一些碰撞的残骸可能会进入地球的大气层并成为陨石。

关注太空

小行星带位于火星和木星之间，其中包含的小行星是我们太阳系形成过程中的遗留物。木星的诞生阻止了任何其他行星在火星和木星之间的巨大空隙中形成，导致那里的小天体相互碰撞，碎裂成今天人们所看到的小行星。

与地球相撞的陨石的99%来自小行星带。

小行星带是太阳系中一些最早的岩石的所在地。

小行星之间的距离如此之大，被一个小行星击中的机会（如果你乘坐航天器穿越该带）将是十亿分之一。

一个典型的小行星表面的平均温度是-73℃。

小行星带也是谷神星的所在地，谷神星是一颗矮行星，直径为938千米。

留心观察

一旦你掌握了天文学的基础知识，就拿起你的望远镜，去寻找这些宇宙中的惊艳之物吧！有些东西比其他的更难发现，但熟能生巧。有些人比其他人更难发现，但实践出真知。

看向星空！

我们的宇宙周边——以及更远的地方——是天文学家们的一个巨大游乐场。就算有史以来存在过的人类一人发现一颗恒星，我们甚至连我们银河系中的所有恒星都没发现完，更不用说银河系外无数其他星系了。但是别被这一点吓倒了，拿起你的望远镜，继续寻找。

注意事项

这里有5个"本地"奇观，可以吊起你的天文胃口，让你在开始观星时忙个不停。有些地方比其他地方更难找到。

月球终结者

①. 月球是一个很好的开始。月球的阴暗交界区相当于月球上的昼夜分界线。当阳光照射到月球光明面和黑暗面之间的这一段时，陨石坑和其他地质特征投下的阴影被拉长，使月球的许多特征更容易被看到。

木星大红斑

2. 木星是太阳系中最大的行星，在一年中的某些时候，你可以清晰地辨认出大红斑，这是一个比地球还大的风暴气旋，几个世纪以来一直在这个星球的表面上肆虐。

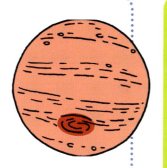

仙女座星系

3. 你可以尝试寻找仙女座星系。仙女座星系是距离地球最近的大星系之一，直径约为 22 万光年，比银河系略大。在没有光污染的地区，仙女座星系可以用肉眼看到，是一个模糊的光斑。

M15

4. M15 位于飞马座，是天空中最神奇的星团之一，并不难发现。如果你有一个小型的望远镜，你只能看到它是一个模糊的圆球，所以你需要一个更大的望远镜来显示里面的各个星星。但是，看到一个模糊的圆球也是一个好的开始。

猎户座星云

5. 猎户座星云是天空中一颗色彩斑斓的宝石。该星云位于猎户座三星带的下方，是一个巨大的恒星奇迹。它可以用肉眼看到，但双筒望远镜或小型望远镜可以看到它的全部光辉。

回望时间

当你看向太空时，你是在回看时间，因为你看到的光实际上是穿越了遥远的距离和时间而出现在你眼前的光。由于太空中的距离大得令人难以置信，我们在地球上使用的测量方法无法满足测量要求。

看向星空！

光年是光在真空中传播一儒略年（365.25天）所经过的距离。按照时间乘以速度等于距离，我们可以求出在1光年里，光传播了大约9.5万亿千米。宇宙中的天体距离极其遥远，用传统的距离单位（如千米）来描述这些距离会显得非常不方便。相比之下，使用光年可以更直观地表达这些巨大的距离。

关注太空

让我们举一个例子。那么，如果一光年等于9.5万亿千米，半人马座是离地球最近的恒星，在太阳系之外，如果它在4.3光年之外，那它离我们有多远？

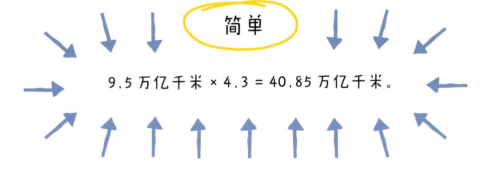

简单

9.5 万亿千米 × 4.3 = 40.85 万亿千米。

当我们通过望远镜看半人马座时，我们看到的不是它现在的样子，而是它4.3年前的样子。

最早的星系

最早的恒星

宇宙微波
背景辐射

黑暗时代

詹姆斯·韦布空间望远镜于 2021 年
12 月 25 日发射升空，是哈勃太空望远镜的
继任者。后者位于近地轨道，而前者位于
150 万千米外的日地拉格朗日 L2 点。

詹姆斯·韦布空间望远镜

| 0 | 0.0004 | 0.3 | 0.95 | 13.8 |

大爆炸

现代宇宙

宇宙年龄（数十亿年）

最早的星空观察者

数千年前，人们刚开始仰望星空的时候，最早的星空观察者们相信，天上的众多天神正在俯瞰着他们……

看向星空！

4500年前居住在今天伊拉克地区的巴比伦人，是最早保存天文观测记录的民族。实际上，现代天文学源于美索不达米亚的天文学记录，所有现代科学的努力都能追溯到巴比伦晚期的天文学家的工作。在巴比伦人之后，中国、古埃及和古希腊全都建立了他们自己的早期历法：简单地记录太阳和月球的运动，以这种方式了解时间。在中国发现了迄今为止最早的历法，它出现在公元前1300年。

惊人的事实

产生蟹状星云的超新星爆发于1054年。中国宋朝司天监观测到了那次爆发，并详细记录了其位置、颜色和亮度的变化。

关注太空

尽管古人们的很多观点被证明是错误的，但这三位古希腊先贤至少是沿着正确的方向在思考。

泰勒斯

（公元前 624 年—公元前 547 年）

泰勒斯把美索不达米亚和古埃及的天文记录带回了希腊。泰勒斯认为，地球是一个漂浮在无尽海洋上的圆盘。

亚里士多德

（公元前 384 年—公元前 322 年）

亚里士多德写了《论天与地》，这是已知最早的天文学著作之一。他证明了地球是一个球体，并声称它是宇宙的中心。根据亚里士多德的说法，太阳、行星和所有星星都位于围绕地球旋转的球体中。

喜帕恰斯

（公元前 190 年—公元前 120 年）

喜帕恰斯编制了第一个已知的天体星表。他还估计了从地球到月球的距离是"29.5个地球直径"（实际数值是30个地球直径——所以他几乎说对了！）。喜帕恰斯最大的成就是发现了由太阳和月球的引力引起的地球摆动。

天文学的成就

就像天空中到处都是星星一样，宇宙的历史——以及过去几千年来天文学在时间上的发展——也到处都是微小的、普通的、巨大的和超大型的成就。让我们用聚光灯照亮它们。

138亿年前
大爆炸。

公元前3000年
巨石阵的主要结构形成。

公元前2000年
古埃及和美索不达米亚出现了最早的太阳历法。

公元前280年
古希腊哲学家阿里斯塔克认为，地球围绕太阳转，他还估计了地球到太阳的距离。

公元前240年
古希腊哲学家埃拉托色尼精确测量了地球的周长。

公元前130年
喜帕恰斯编制了最早的星表，包括850颗亮星。

公元前45年
罗马帝国采用纯粹的太阳历法儒略历。

公元140年
古希腊哲学家托勒密完成了他的著作。

公元813年
马蒙创建了巴格达天文学校。

公元1054年
中国天文学家在金牛座观测到一颗超新星。

公元1259年
伊朗建成世界上最早的天文台，以纪念著名的波斯天文学家纳绥尔丁·图西。

公元1543年

尼古拉·哥白尼发表宇宙日心说模型，改变了世界！

公元1572年

受人尊敬的天文学家第谷·布拉赫发现仙王座的一颗超新星。

公元1603年

德国天文学家约翰·拜尔发明的恒星命名规则沿用至今。这套系统用希腊字母标记最亮的恒星。

公元1608年

荷兰眼镜商汉斯·李普西发明了望远镜。

公元1609年

伽利略改进了李普西的望远镜，发现了木星的卫星和月球上的环形山。

公元1609年

约翰尼斯·开普勒在他的著作《和谐的世界》中提出了行星运动的三大定律。

公元1656年

荷兰天文学家克里斯蒂安·惠更斯发现了土星的光环。

公元1668年

艾萨克·牛顿发明了世界上第一台反射望远镜。

公元1675年

丹麦天文学家奥勒·罗默测量了光速。

公元1675年

法国人乔凡尼·多美尼科·卡西尼观测到了土星光环中的缝隙，并将它命名为卡西尼环缝。

公元1843年

德国天文学家施瓦贝发现了太阳黑子的周期。

公元1687年

牛顿发表了他的《自然哲学的数学原理》，我们所知的现代天文学诞生。

公元1705年

英国人埃德蒙·哈雷正确地预言了1758年哈雷彗星的回归。

公元1781年

英国人威廉·赫歇尔发现了天王星。

宜居带

在地球上，正是适量的热、光、水和空气使生命幸福地迸发出来。同样的规则也适用于太空，欢迎来到"宜居带"。

看向星空！

地球是所谓的"宜居带"（金发姑娘区）行星 —— 它属于恒星的环星宜居区 —— 这是一个围绕恒星的区域，像地球这样的行星可以在其表面维持液态水；这个地方离危险足够远，能够以无威胁和稳定的大气气候支持生命，但又不至于远离对生命至关重要的光和热源成分。它既不会太热，也不会太冷。

关注太空

天文学家在我们的银河系中寻找系外行星上的生命（那里可能有多达1000亿颗行星），首先需要寻找宜居区的迹象 —— 或称金发姑娘区，因为这有可能是生命繁衍最成功的地方。

"这碗粥太烫了，"金发姑娘感叹道。于是她品尝了第二碗粥。"这碗粥太冷了。"于是她品尝了最后一碗粥。"这碗粥刚刚好！"她高兴地说。然后她把粥全部吃完了。

就像童话故事里金发姑娘喜欢不冷不热的粥一样，宜居带是指恒星周围的一个特定区域范围。

我们体内的宇宙：原子

电子

质子

虽然我们人类在宇宙中可能会感到孤独，但让我们从下面这个知识点中得到安慰吧：有史以来诞生的每一个东西都是由同样的东西组成的——原子。

1776年，英国科学家亨利·卡文迪许识别出独立的氢成分。

氢是元素周期表上的第一个元素，这意味着它的原子序数是1，即每个氢原子中有1个质子。

氢是宇宙中最轻也最丰富的元素，约占宇宙普通物质质量的75%。

看向星空！

　　原子是宇宙中所有物质的基本化学构成单位——你通过望远镜看到的每一个恒星、行星和星系都是由原子构成的。甚至望远镜本身也是由独特的原子组合而成的，被称为分子，而由许多分子组成的材料，被称为化合物。例如，当1个氧原子与2个氢原子结合，就得到了水（H_2O）。

走近天文学！

　　一块方糖中包含的原子数量和宇宙中的恒星数量一样多。

关注太空

　　原子是由质子（携带正电荷）、中子（不携带电荷）和电子（携带负电荷）组成的。由于电子带有负电荷，而质子带有正电荷，它们之间的吸引力就将电子束缚在质子周围。

如何造出自己的陨石坑？

如果我们看到一颗小行星冲向地球，我们可能会忙着尖叫和逃跑，但我们真正应该做的是停下来拍照，因为这是一件极其罕见的事情。

看向星空！

2013年2月，当一块直径17米、重达10 000吨的太空岩石在俄罗斯上空的地球大气层中燃烧起来时，全世界为之震惊，其速度约为64 372千米/小时。它在大气层中停留了32.5秒，然后在距离地球表面19～24千米处爆炸，成为一个巨大的火球。爆炸产生了剧烈的冲击波，损毁了数千扇窗户，导致墙壁坍塌。美国国家航空航天局表示，这次爆炸的威力相当于30万吨炸药，比1945年摧毁日本广岛的原子弹还要强大。美国国家航空航天局预计这种类型的事件每100年就会发生一次。

惊人的事实

⭐ 根据一项研究，流星体大约每180年就会击中地球一次。

⭐ 一层30.5厘米厚的凯夫拉纤维可保护国际空间站免受流星体的影响。

那是天文数字！

据说，每年大约有500个流星体到达地球表面，但其中只有5～6个被发现供科学家研究。

让我们开始吧！

如果这颗流星体降落在地球上，它将会形成一个令人印象相当深刻的陨石坑。地球和月球的表面到处都是陨石坑。我们为什么不创造我们自己的陨石坑呢——这很简单！首先要找到一个沙盘或大而浅的塑料箱，装满沙子，并找到下面表格中所列的每一件物品。然后找一个安全的地方将它们扔下去，最好是在不同的高度（用梯子！），并在下面的表格中记录这些物品砸出的"陨石坑"的差异。然后把沙子弄平，为下一次"撞击"做好准备。你将亲眼看到流星体陨石坑的不同类型、深度和形状——这些陨石每天都会撞击地球。

	高度	陨石坑直径 / 厘米
足球		
网球		
乒乓球		
大土豆		
苹果		
大理石		

太空

我们现在知道，如果一个外星人从6500万光年外的星球上看地球，它不会看到任何人类，它将看到恐龙在周围游荡！但是，行星之间的空间呢？天文学家需要担心物体之间的距离，以及物体本身的距离。

看向星空！

因为宇宙是一个令人难以置信的超级庞然大物，如果我们想离开地球（有一天我们可能不得不这样做），即使目的地是在银河系中，我们也要花上一生的时间才能到达，更不用说那些距离我们还有许多光年的"附近"的星系了。

走近天文学！

光速是如此之快，一束光可以在1秒钟内绕地球7.5圈。

惊人的事实

黑洞是如此密集，并产生了如此强烈的引力，甚至连光都无法逃离！

关注太空

　　来自太阳的光到达地球需要8.3分钟，但来自其他恒星和行星的光呢？作为天文学家，我们必须学习光的知识，才能了解天体与地球的距离。

距离	光到达需要的时间
地球到月球	1.28 秒
地球到太阳	8.3 分钟
太阳到木星	41 分钟
太阳到土星	85 分钟
太阳到海王星（距离太阳最远的行星）	4.2 小时
太阳到旅行者 1 号（距离地球最远的人造物体）	17.1 小时
太阳到半人马座阿尔法星（距离地球最近的恒星系）	4.3 年
太阳到天狼星（夜空中最亮的恒星）	8.6 年
太阳到天鹅座 61（双星）	11.4 年
太阳到北极星	432 年
太阳到猎户座星云（肉眼可见最亮的星云）	1300 年
太阳到银河系中心	27 700 年
太阳到仙女座星系	2 540 000 年
可观测宇宙的边缘	47 000 000 000 年

哈勃，哈勃，哈勃

在地球上空的地球静止轨道上有几十个天基望远镜——每一个都在执行一个特定的任务，并使用它们特定的波长技术来拍摄宇宙。但是，伟大的空间望远镜哈勃，对天文学家来说永远是最有意义的。

看向星空！

作为美国国家航空航天局和欧洲航天局的一个联合项目，哈勃空间望远镜在很长一段时间内都是世界上最大的太空望远镜之一，以受人尊敬的美国天文学家埃德温·哈勃的名字命名，于 1990 年 4 月 24 日由发现者号航天飞机携带发射升空。

惊人的事实
☆

哈勃空间望远镜每周向地球传输 120 千兆字节的数据。这相当于书架上约 1097 米厚的书！

关注太空

哈勃空间望远镜的长度达到了惊人的 13.7 米，质量超过 11 340 千克，位于地球上空 568 千米的轨道上，由太阳能电池板供电，每秒行驶约 8 千米。由于其远离地球大气层的高位，哈勃空间望远镜拍摄了一些遥远星系的标志性图像，同时也有一些发现，如 1995 年鹰状星云的"创生之柱"——可能是 20 世纪最著名的天文图像之一。

走近天文学！

　　由于哈勃空间望远镜远离地面，就可以避免大气散射的背景光，可以比地面观测站更精确、更详细地观测和记录天文现象。哈勃空间望远镜所携带的相机和光谱仪可以观测到遥远的恒星形成的星系，这些星系可以追溯到宇宙形成的初期。另外哈勃望远镜在发现和描述神秘的暗能量方面发挥了关键作用，其观测结果改变了世界对宇宙的基本理解。

哈勃空间望远镜告诉我们，几乎所有的星系都被超大质量的黑洞所固定。

感谢哈勃空间望远镜，我们现在知道，宇宙有138亿年的历史。

哈勃空间望远镜已经帮助科学家确定了行星的诞生过程。

哈勃空间望远镜探测到了在太阳系以外的行星上发现的第一个有机分子。

哈勃空间望远镜帮助我们确定了宇宙的扩张速度。

类地行星

　　天文学家最近计算出，在银河系数十亿颗类似太阳的恒星中，每5颗中就有1颗像地球一样的陆地行星在金发姑娘区运行（见第52页）。所以，让我们去寻找一些类似地球的行星吧……

看向星空！

　　2013年，美国国家航空航天局的开普勒太空望远镜（2009年发射，该望远镜是为了寻找和定位新的行星而建造的）带回了一些惊人的证据：仅在银河系就有大约200亿颗类地行星，而且所有这些行星都位于宜居区，在那里生命可以蓬勃发展。根据新的数据，在12光年之外可能就有一颗类地行星 —— 它的母星甚至可能是肉眼可见的。

开普勒69c　　开普勒62e　　开普勒62f

让我们为行星重新命名！

在开普勒太空望远镜发现的信息的支持下，让我们来看看目前让天文学家们大跌眼镜的3颗类地行星。天文学家在为行星命名时曾经很有想象力，但现在似乎不是这样了。如果你能给这些类地行星重新命名，不管是以你自己的名字还是以某个人物的名字，你会怎么称呼它们？

1. 开普勒69c

类似金星的行星，距离地球2700光年，比地球大70%。

2. 开普勒62e

距离地球1200光年，位于宜居带上的水世界。

3. 开普勒62f

距离地球1200光年，可能很适合人类生活。

走近天文学！

2009年，一颗名为GJ 1214 b的系外行星被发现，它的质量比地球大6倍，围绕着40光年外的一颗红矮星运行。该行星被称为"水世界"，由75%的水和冰以及25%的岩石组成。

惊人的事实

不仅仅是行星可能适合居住。卫星也可能适合生命，包括木星的卫星之一——欧罗巴。

亲爱的月球，我们很快回来，爱你的地球

地球的历史和存在与它最近的"邻居"月球紧密相连。人们不再认为月球是由"奶酪"制成的，大多数现代天文学的探索都尽可能集中在远离地球的地方，我们天空中的灰色朋友现在是天文学中最容易被忽视的奇迹之一。

看向星空！

我们的月球诞生历程极其艰难。正如"巨大撞击假说"（也被称为"大碰撞"）所详述的那样，月球是在一个和火星一样大的物体撞击地球时形成的，它将大量的碎片抛入我们星球的轨道。这些碎片经过数百万年的时间，最终聚集在一起并融化，然后冷却下来。如果这还不够混乱的话，在另外的5亿年里，数以千计的流星撞击让月球表面布满了"疤痕"。一些生物学家认为，如果没有月球，地球上就不会有生命。

月球信息清单

　　作为一名天文学家，你对我们最近的宇宙朋友了解多少呢？

○ 月球距离地球的平均距离为 384 403 千米。它的椭圆形轨迹意味着它最接近地球时的距离为 363 104 千米。

○ 我们只能看到月球的一面，因为它的自转时间与它绕地球运行的时间完全相同，这是一个"诡异"的天体巧合。

○ 月球的质量是 73 476 730 924 573 500 千克，它是太阳系中第五大卫星。

○ 由于它的质量小于地球，月球的重力要弱得多；因此，举例来说，你在月球的重量大约是你在地球上的六分之一（16.5%）。

○ 月球没有大气层。

○ 2013 年 12 月，中国的玉兔号月球车完成了人类自 1976 年以来首次在月球上软着陆。其任务是测试新技术，收集科学数据和建立知识专长。

走近天文学！

　　1958 年，美国空军制定了一项代号为 A119 项目的绝密计划，在月球上引爆一枚核弹。尽管该计划从未实施，但其目的是赢得太空竞赛，因为月球上的任何核爆炸都会被地球上的肉眼所看到——这是美国的一个明确信号，他们是认真的。

宇宙的规模

宇宙已经很大了，但是还在加速变大。为了欣赏它有多么惊人的规模——天文学家认为人类的大脑永远无法理解它到底有多大——我们首先需要理解规模的概念。让我们看看宇宙中最小和最大的东西，从那里我们应该能够对宇宙的巨大性感到惊叹。

看向星空！

目前已知的宇宙中最小的物体是夸克，它是一种构成质子和中子的微小亚原子粒子（这些粒子与电子一起构成了原子）——那么宇宙中最大的东西是什么？为了能够了解恒星和行星有多大，我们需要先了解构成它们的物质有多小。

关注太空

在天文学中，大小很重要，距离也很重要。宇宙中我们见过的最遥远的星系和目前的纪录保持者是MACS 0647-JD星系，它距离地球大约133亿光年。由于宇宙本身只有138亿年的历史，这意味着MACS 0647-JD的光线几乎在整个空间和时间的历史中一直在向地球旅行。

夸克

一种超小的亚原子粒子，带有一个分数电荷。夸克没有被直接观测到，但基于其存在的理论预测已被实验证实。

轻子

轻子是另一类基本粒子，包括电子、μ子、τ子以及它们对应的中微子。中微子的质量极小，甚至比电子还要轻得多，且几乎不与物质发生相互作用。

普朗克长度

普朗克长度是量子力学和广义相对论中定义的一个长度单位，被认为是空间的最小可测量单位。在这个尺度下，空间和时间的性质变得模糊不清，量子引力效应开始显著。

草帽星系

在2900万光年之外。就像我们的银河系一样，桑布雷罗星系是一个旋涡状的星系，很容易通过望远镜看到。这个星系的直径为50 000光年，是我们银河系的一半。

天狼星

距离地球8.6光年。天狼星是我们能观测到的天空中最亮的恒星，它比我们的太阳大20倍。

氢原子

宇宙中发现的含量最丰富的粒子，几乎占宇宙质量的75％！由一个带正电的质子和一个带负电的电子组成，电子围绕着原子核运转。

走近天文学！

天空中任何物体的表观亮度都是由它的内在亮度和它的距离决定的。例如，从地球上看，宇宙中已知最亮的天体是一个肉眼看起来非常微弱的类星体——3C 273，只有在大型望远镜下才能看到。如果它和最近的星系一样近，那么肉眼就很容易看到它。3C 273于1959年被发现，是有史以来第一个被确认的类星体。

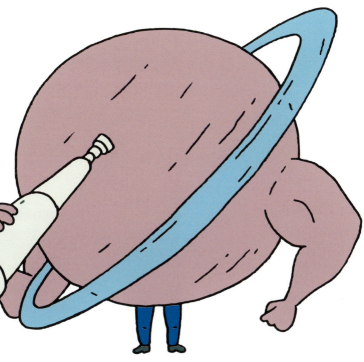

宇宙里最大的东西

当你通过你的望远镜发现一个巨大的东西时，你会感到很惊奇。我们知道，大小是相对的，猫比老鼠大，但没有行星大！我们来看看宇宙中一些最大的天体，你要留心观察。至少，通过望远镜，它们会比老鼠更容易找到。

看向星空！

地球对我们来说可能很大，但是与我们的天体邻居，气态巨行星木星（可以装下1300多个地球）相比，地球是很小的；反过来，与WASP-17b相比，木星也是很小的，这是迄今为止发现的最大的行星，其半径是木星的两倍。对于天文学家来说，太空中没有什么是确定的，但是到目前为止，有一些发现非常令人震撼。

关注太空

拿起你的望远镜，留意下面这些天体，它们是宇宙中最大的五大天体——但仅仅是因为它们相对于我们的体型来说很大，这并不意味着它们很容易被发现。

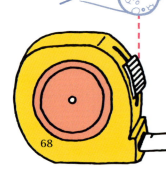

最大的小行星——智神星

智神星是迄今为止发现的最大、最明显的小行星，占整个小行星带质量的9%之多。

最大的恒星——天鹅座NML

2012年，天鹅座NML是目前已知体积最大的恒星。一束光需要6小时40分钟才能绕它一圈；一束光在一秒钟内可以绕地球7.5圈。

最大的黑洞 —— NGC 1277

迄今为止发现的最大黑洞，位于距离地球2.5亿光年的天马座，其质量相当于170亿个太阳，占其所在星系总质量的14%以上——大多数黑洞只占其星系总质量的0.1%。

走近天文学！

大多数天文学家都认为，宇宙中最大的"东西"是宇宙网。试着想象一下，一个由无尽的星系团组成的三维"蜘蛛网"被暗物质包围着。宇宙网相互纠缠且不断延伸，范围横跨整个宇宙。宇宙网很可能在宇宙诞生初期就已经形成了。

最大的行星——WASP-17b

WASP-17b是迄今为止发现的最大的行星。大多数行星围绕着它们的母星移动，其方向与母星自转方向一致，但WASP-17b的运动方向是另一个方向——一个逆行的轨道。这让全世界的天文学家感到困惑。

最大的星系——IC 1101

距离地球近10.7亿光年的IC 1101，位于室女座，是迄今为止发现的最大星系。它于1790年被发现，直径为600万光年（比银河系大60倍），拥有大约100万亿颗恒星。

一次巨大的飞跃

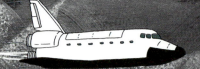

天文学的历史可以追溯到大约5000年前。但是对于现代天文学来说，最具突破性的发展出现在20世纪。

1897年 发现电子。

1905年 爱因斯坦发表狭义相对论。

1915年 发现距离地球最近的恒星比邻星。

1915年 爱因斯坦发表广义相对论，预言了宇宙膨胀。

1923年 哈勃证明星系是独立于银河系的系统。

1929年 哈勃提出宇宙膨胀的证据。

1930年 克莱德·汤博发现冥王星。

1931年 卡尔·央斯基发现来自太空的无线电波。

1937年 格罗特·雷伯用他的射电望远镜发现来自银河系的无线电波。

1938年 汉斯·贝特提出恒星能量来自核反应。

1942年 詹姆斯·海探测到来自太阳的无线电波。

1948年 赫曼·邦迪和托马斯·戈尔德提出了稳恒态宇宙理论，不同于大爆炸。

1948年 乔治·伽莫夫和拉尔夫·阿尔菲描述了大爆炸中的元素起源。

1951年 美国将4只猴子送入太空，完成了第一次有生命的太空飞行。

1957年 斯普特尼克1号卫星发射，空间时代开始。

1958年 美国国家航空航天局成立。

1959年 太空探测器第一次拍摄到月球背面照片。

1961年 尤里·加加林完成第一次载人太空飞行。

1962年 约翰·格伦成为第一个在太空围绕地球飞行的美国人。

1963年 马丁·施密特首次发现类星体。

1963年 捷列什科娃成为第一位女宇航员。

1965年 苏联宇航员阿列克谢·列昂诺夫完成第一次太空行走，苏联发射礼炮1号，其成为第一个空间站。

1965年 阿诺·彭齐亚斯和罗伯特·威尔逊发现宇宙微波背景辐射，获得诺贝尔物理学奖。

1969年 阿波罗11号在月球着陆，尼尔·阿姆斯特朗和巴兹·奥尔德林在月球上走出第一步。

1971年 水手9号发回第一张近距离火星照片。

1977年 发现天王星的光环。

1973年 先驱者10号实现第一次飞越木星。

1976年 空间探测器维京1号和2号登陆火星。

1977年 旅行者1号发射。

1983年 红外天文卫星完成全部红外巡天观测。

1979—1981年 旅行者号经过木星和土星，发回大量观测信息。

1981年 哥伦比亚号航天飞机发射。

1983年 先驱者10号成为第一艘达到太阳系逃逸速度的飞船。

1985年 哈雷彗星按照哈雷的预言如期回归，下次回归将于2061年7月28日到来。

1987年 超新星1987A爆发，成为自1604年以来第一个肉眼可见的超新星。

1989年 旅行者2号到达海王星，发现海王星光环系统和8颗卫星。

1994年 一颗小行星从地球身边161 000千米处经过。

1990年 哈勃空间望远镜发射。

1990年 第一次发现太阳系外行星。

1996年 NASA的科学家错误地宣布南极火星陨石上存在生命的证据。

1994年 舒梅克-利维9号彗星撞击木星。

1998年 萨尔·珀尔马特和布莱恩·施密特发现暗能量。

1998年 国际空间站开始搭建。

2006年 暗物质得到确认。

2006年 冥王星被降级为矮行星。

2012年 好奇号火星车成功着陆火星表面。

卫星和太空垃圾

20世纪50年代，人造卫星是顶级机密的军事目标，有着隐秘的任务。如今，它们对于帮助全人类相互沟通、跟踪和预测天气、观看电视，当然还有在太空中进行科学实验和观察来说，都是必不可少的。没有卫星，我们的世界就会停滞不前。

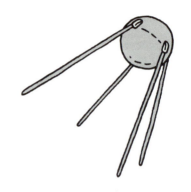

看向星空！

自1957年——第一颗卫星斯普特尼克1号发射以来，已有7000多颗卫星被发射到太空。卫星有许多形状和大小，从低地轨道到地球静止轨道，从沙滩球的大小到汽车的大小。低地卫星的运行高度为161～1931千米。卫星在地球表面之上。静止卫星在赤道上空自西向东移动，并以相同的方向和地球自转的速度移动。

走近天文学！

美国国家航空航天局认为，有23 000件太空垃圾在太空中飞驰——大到可以通过雷达追踪的物体，有些像网球一样大，有些像弹珠一样小。

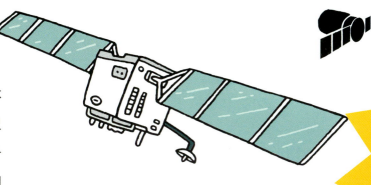

关注太空

　　任何围绕另一个物体运行的物体都可以被称为卫星。在被送入太空的数以千计的卫星中，许多都有不同的功能和目的。最常见的卫星类型是：

气象卫星
帮助气象学家预测天气。

通信卫星
让电话交流遍布全世界。这类卫星最重要的特征之一就是异频雷达收发机，在一个频率接收无线电信号，再从另一个频率发射回去。

广播卫星
发射电视信号。

导航卫星
帮助船只、飞机和汽车在地球上导航。它们被称作全球定位卫星。

科学卫星
哈勃空间望远镜是最著名的科学卫星之一，还有很多其他科学卫星，被用于观测太阳黑子、伽马射线等各种信息。

地球观测卫星
观察地球的温度、臭氧含量、气候变化、台风和飓风等信息。

军事卫星
军事卫星的许多工作仍然是秘密的，但可能包括情报收集、侦察、加密通信、核监测、观察敌人的行动和导弹发射的早期预警探测。

电磁波谱

光、微波、无线电波、紫外线、伽马射线、X射线和红外线——这些对天文学家来说都非常重要。当我们观察一个恒星或星系的图像时，它们往往是由几种不同的颜色叠加在一起的合成物。利用不同的光来观察行星和恒星，可以为天文学家提供有关恒星的化学构成、大小、距离和温度的线索。

看向星空！

当你想到光的时候，你可能会想到你的眼睛能看到的东西。但是我们的眼睛所能感受到的光只是实际围绕在我们周围的光总量的一小部分。宇宙中的大部分光是我们的眼睛看不到的。

在天文学中，电磁波谱描述了所有波长的光，并有许多实际用途：伽马射线是波长最短、频率最高的光，可以帮助医生通过放射治疗杀死癌细胞；著名的X射线可以给我们的骨骼拍照；日光浴晒黑皮肤是紫外线在起作用；可见光是我们眼睛能看到的；红外光是光纤通信（用于互联网等）中使用的光。微波用于烹饪；而无线电波用于广播电视和无线电信号。

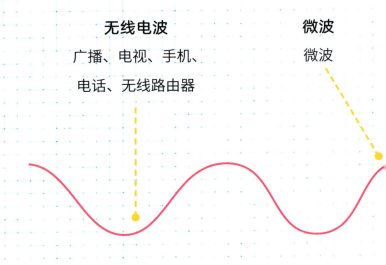

无线电波

广播、电视、手机、电话、无线路由器

微波

微波

电磁波谱是一个科学家创造的术语，用来描述宇宙中存在的全部光的范围。

关注太空

　　试着把光想象成穿越海洋的波浪。像波浪一样，可以用几个基本属性来描述光。第一个是频率——以赫兹（Hz）为单位——这是对一秒钟内通过点的波的数量的计算。想想看，一个波浪打在沙滩上，紧接着是另一个波浪。光的另一个属性是波长，这是从一个波的峰值到下一个波的峰值的距离。

频率和波长是相互联系的：频率越高，波长就越短！

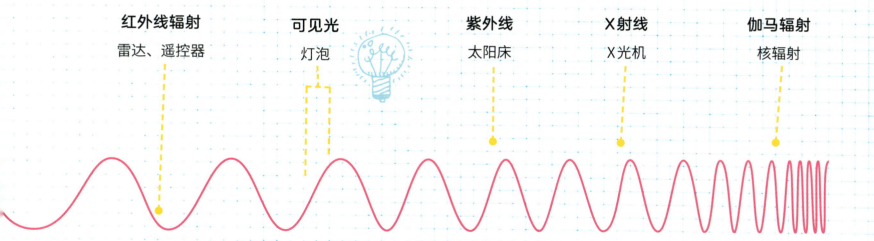

红外线辐射
雷达、遥控器

可见光
灯泡

紫外线
太阳床

X射线
X光机

伽马辐射
核辐射

国际空间站

国际空间站是以全世界人类的名义建造的，代表全世界的利益。科幻小说变成了现实：空间站是一个在地球上空运行的史诗般的结构，也是一个可以与星星近距离接触的奇妙观察点。

看向星空！

国际空间站运行在近地轨道上，轨道高度大约为400～420千米。它以大约每秒7.66千米的速度绕地球飞行，每90分钟绕地球一圈。

该项目由16个国家共同建造、运行和使用，是有史以来规模最大、耗时最长且涉及国家最多的空间国际合作项目。1998年正式建站，2010年完成建造任务进入全面使用阶段。

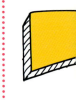

关注太空

国际空间站的总质量超过400吨，长度约109米，宽度约73米（包括太阳能电池板）。它由多个模块组成，这些模块通过对接和连接，形成了一个复杂的结构，内部有大量的实验设备、生活设施和工作区域。它的所有电力都是由太阳能板提供的。

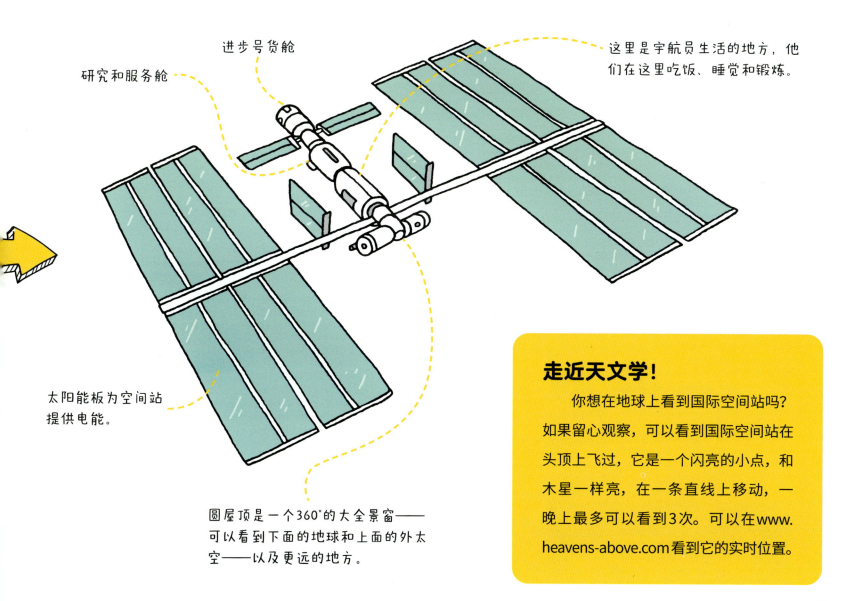

进步号货舱

研究和服务舱

这里是宇航员生活的地方，他们在这里吃饭、睡觉和锻炼。

太阳能板为空间站提供电能。

圆屋顶是一个360°的大全景窗——可以看到下面的地球和上面的外太空——以及更远的地方。

走近天文学！

你想在地球上看到国际空间站吗？如果留心观察，可以看到国际空间站在头顶上飞过，它是一个闪亮的小点，和木星一样亮，在一条直线上移动，一晚上最多可以看到3次。可以在www.heavens-above.com看到它的实时位置。

探索太空

"我们探索太空，因为我们是人类，而探索是我们的天性。"斯普特尼克1号于1957年发射升空，成为人类历史上第一个太空探测器。从那以后，人类已经向太空发射了数千个航天器。

看向星空！

你可能无法通过你的望远镜发现这些，但相信我，它们就在那里：绕着行星跳舞，像高速子弹一样在太空中飞驰。以下是几个重要探测器的情况，可以满足你对它们的好奇心。

先驱者10号

 1972年发射

先驱者10号是被送往木星和土星的第一个航天器。先驱者10号穿越了火星和木星之间的小行星带，飞越了木星这个气态巨行星著名的巨型红斑。它也是第一个离开太阳系的人造天体，目前仍在向银河系中心方向飞行。

旅行者1号

→ 1977年发射

深空探测器旅行者1号以每小时62 763千米的速度飞行，是现在距离地球最远的人造卫星。2013年9月，美国国家航空航天局宣布旅行者1号已经进入星际空间——这是第一个进入星际空间的人造物体。

伽利略号木星探测器

➡️ **1989 年发射**

　　伽利略号是第一个进入木星周围轨道的空间探测器。它的任务是对这个气态巨行星及其卫星进行长期、详细的研究。伽利略号释放了一枚木星大气探测器,进入木星的大气层进行测量,这是第一个这样做的探测器。

嫦娥四号

　　2019 年 1 月 3 日,中国的嫦娥四号探测器成功登陆月球,成为历史上第一个在月球背面着陆的人类探测器。

走近天文学!

　　旅行者 1 号携带了一张镀金唱片形式的视听记录,它既是给宇宙中可能存在的其他智慧生命的信息,也是一个象征性的时间胶囊。这张唱片包含了超过 55 种语言的问候语、地球生命形式的图片以及音乐和声音的录音。

卡西尼-惠更斯号

➡️ **1997 年发射**

　　卡西尼-惠更斯号土星探测器是人类迄今为止发射的规模最大、复杂程度最高的行星探测器。卡西尼号探测器的任务是环绕土星飞行。惠更斯号探测器是卡西尼号携带的子探测器,其任务是深入土卫六的大气层,对土星最大的卫星土卫六进行实地考察。

一颗恒星的诞生

有几千亿颗恒星可供选择 ——这还只是我们银河系中的数量，许多天文学家都有一颗自己最喜欢的恒星。哪颗星星是你的最爱？

看向星空！

星星就像所有的生物一样。它们出生，它们成长，它们死亡。银河系有许多类型的恒星，有年轻的也有年老的，有大的也有小的，有稳定的也有运动激烈的。

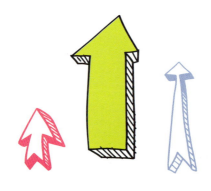

恒星是如何诞生的

★ 氢气和尘埃云漂流了数百万甚至数十亿年。当一个事件发生时，如超新星的冲击波或两个云层的碰撞，这些云尘埃和气体由于重力作用而坍缩成恒星。

★ 一旦发生这种情况，重力就会导致团块的形成，这些团块将气体向内吸引。坍缩的恒星物质团块开始旋转并压扁成一个由气体和灰尘组成的圆盘。

★ 圆盘旋转的速度越来越快，把更多的物质向内拉，形成了一个热的、密集的核心。这是开始阶段：现在我们有一颗原星 —— 这个阶段需要大约10万年才能完成。

★ 当原星变得足够热时，氢原子开始融合，产生氦气和能量。天文学家称这是金牛座阶段。

★ 数百万年后，双极流从原星上喷发出来，吹走所有剩余的气体和尘埃。

走近天文学！

你可以通过恒星的颜色判断它表面的温度。恒星越重，温度就会越高。

20 000°C，蓝白色

（例如参宿七）

8000°C，白色

（例如天狼星）

6000°C，黄色

（例如半人马座阿尔法星和我们的太阳）

4500°C，橙色

（例如大角星）

3000°C，红色（例如参宿四，比邻星）

我们膨胀的宇宙

宇宙正在变得越来越大，而且随着它的变大，其膨胀速度也越来越快。埃德温·哈勃第一个证明了宇宙正在变大。这对天文学家来说是个坏消息，你觉得呢？

惊人的事实

宇宙不仅在膨胀，而且还在加速膨胀。这种加速膨胀的现象使得在足够远的距离上，宇宙的膨胀速度会远远超过光速的N倍，乃至于接近无穷倍。

看向星空！

重要的是要明白，虽然宇宙在变大，但我们在天空中看到的星系、恒星和行星并不是真的在太空中相互远离。实际上，它们之间的空间正在增长：可以将此想象成一条橡皮筋被拉长，因为两个星系正在分开。因为宇宙没有中心，随着它的扩张，星系彼此之间的距离越来越远，而离我们银河系最远的星系将比离我们最近的星系移动得更快。

关注太空

解释宇宙膨胀的另一个方法是把宇宙想象成一条正在发酵的面包。

 随着面包的膨胀，葡萄干彼此之间的距离越来越远，但它们仍然卡在面团中。

就宇宙而言，外面可能有我们看不到的葡萄干，因为它们移动得太快了，以至于它们的光线从未到达过地球。值得庆幸的是，引力在局部层面上控制着事物，使葡萄干聚在一起。

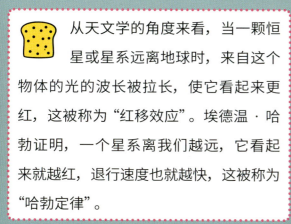 从天文学的角度来看，当一颗恒星或星系远离地球时，来自这个物体的光的波长被拉长，使它看起来更红，这被称为"红移效应"。埃德温·哈勃证明，一个星系离我们越远，它看起来就越红，退行速度也就越快，这被称为"哈勃定律"。

走近天文学！

哈勃定律的重要性在于它提供了关于宇宙膨胀的直接证据。这一发现不仅改变了我们对宇宙的认知，还为我们理解宇宙的起源、结构和演化提供了重要线索。此外，哈勃定律还是测量遥远星系距离的一种重要方法，它使得我们能够探索更加广阔的宇宙空间。

超新星

在大质量的恒星生命的最后阶段，当它们成为超巨星并耗尽了它们的燃料时，恒星的核心就会自我坍缩，产生一颗超新星——一个难以想象的巨大而明亮的爆炸，释放出巨大的能量。当一颗恒星以如此壮观的方式死亡时，它将留下一颗中子星或一个黑洞。

看向星空！

恒星不会永远保持不变，它们未来的寿命取决于它们有多少质量。一颗超新星可以在一秒钟内产生与整个星系相同的能量。

惊人的事实

生活在中国古代的天文学家早在公元 185 年就已观察到了超新星，但他们并不知道自己看到的是什么，只能确信这是一个从未出现过的新的光点，将其称为"客星"。

超新星的超级事实

* 即将成为超新星的恒星由于温度升高，颜色会从红色变为蓝色。

* 与彗星或飞行器不同，超新星一爆炸就会停留在同一个地方。

* 如果你发现了一颗没有被记录在案的超新星，你可以向国际天文学联合会报告。

走近天文学！

2011年，年仅10岁的加拿大女孩凯瑟琳·奥罗拉·格雷发现了一颗超新星，她也成为世界上最年轻的超新星发现者。发现超新星虽然很费时，却并不很难。只要耐心地对同一个星域"盯梢"，那么在发现该星域内突然出现不寻常爆闪时，你就极有可能正在目睹一颗超新星的诞生。

恒星类型

中子星
例如离地球最近的卡尔维拉星

恒星星云
氢气和太空尘埃

黑洞 例如天鹅座X-1

超新星

红超巨星
例如参宿四

普通恒星
我们的太阳，一颗典型的普通恒星

大质量恒星
例如天鹅座KY

红巨星 例如十字架一

白矮星
坍缩的恒星，例如鹿豹座Z

行星状星云 例如天琴座的环状星云

未来的极大望远镜

在21世纪初，天文学家们更加坚定地树立了要在空间和时间上看得更远的目标。当你开始你的天文学冒险并购买第一台望远镜时，你知道该如何选择吗？那就是尽量买口径大的，和天文学家的选择保持一致。

看向星空！

从伽利略最初制作的几厘米口径望远镜开始，望远镜的口径随着人类对宇宙的求知欲的增长而不断变大。

小型望远镜：口径小于10厘米的望远镜，适合初学者使用，可以观测月球、行星等天体。

中型望远镜：口径为10～20厘米的望远镜，可以观测深空天体，如星云、星团等。

大型望远镜：口径大于20厘米的望远镜，适合专业天文爱好者使用，可以观测更暗、更小的天体。

天文学家的选择！

想要看得更远、更暗，望远镜就需要更大口径的镜子来收集更多来自遥远宇宙天体的光子。直径大于20米的望远镜被称为极大型望远镜，其观测波段包括紫外、可见光和近红外波段。

欧洲极大望远镜

关注太空

世界上有许多突破性的望远镜，下面就让我们来看看即将建成的三大极大型望远镜。未来十年，这些强大的望远镜将改变我们观察太空的方式。

 巨型麦哲伦望远镜

计划于 2029 年完工

主镜直径： 24.5 米

地点： 智利的拉斯坎帕纳斯天文台

目标： 这一巨型望远镜的主要任务是探寻宇宙中恒星和行星系的生成、暗物质、暗能量和黑洞的奥秘，以及银河系的起源等重大问题。

 30 米望远镜

完工时间未定

主镜直径： 30 米

地点： 夏威夷莫纳克亚火山山顶

目标： 30 米望远镜的建成能把望远镜的灵敏度和空间分辨率等技术指标提高到前所未有的程度。

 欧洲极大望远镜

计划于 2028 年完工

主镜直径： 39.3 米

地点： 智利的阿塔卡马沙漠

目标： 欧洲极大望远镜如果顺利建成，我们将迎来天文学和宇宙学研究的新纪元，它不仅是一台望远镜，更是一扇通往宇宙深处的窗口，一把揭开宇宙最深奥秘密的钥匙。

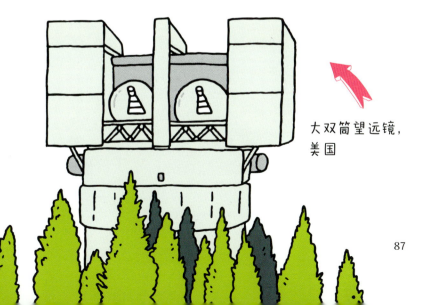

大双筒望远镜，美国

这是一小步

经过三天半的飞行，他们完成了 384 400 千米的旅程，到达了灰色的目的地。宇航员尼尔·阿姆斯特朗和巴兹·奥尔德林离开他们的指挥舱，乘坐登月舱下降到月球表面。迈克尔·柯林斯则绕着月球的轨道飞行。

看向星空！

奥尔德林和阿姆斯特朗在月球上着陆到一个安全的着陆点之后，他们做的第一件事就是演练起飞，以防万一。然后，他们为第一次太空行走做准备——地球上超过5亿人观看了这一场面，并创造了当时的纪录。

1962年，美国总统约翰·肯尼迪宣布，在他的任期内，美国将把一个人送上月球……并让他安全返回地球。

肯尼迪总统想要送人登月的愿望发生在太空竞赛的高峰期，这是冷战双方——美国和苏联之间竞争的表现。

在希腊神话中，阿波罗是宙斯的儿子，是光和太阳之神。

阿波罗11号由指挥舱、服务舱和登月舱三部分组成。

当尼尔·阿姆斯特朗在月球表面迈出历史性的第一步时，巴兹·奥尔德林在他的宇航服中安装的一根管子里小便。这是人类在另一个星球上的第一次排尿，而且通过电视进行直播。

如果从月球返回地球的发射失败，休斯敦的太空主管就会下令停止和关闭所有通信，让阿姆斯特朗和奥尔德林自生自灭。

经过总共8天的时间，机组人员于1969年7月24日安全降落在太平洋上。由于担心未知的太空病原体，他们回到地球后被隔离了3周。

走近天文学！

在月球上生活了21个小时后，阿姆斯特朗和奥尔德林从月球表面起飞，将返回的登月舱的上半部分和柯林斯驾驶的指挥舱对接，指挥舱负责把他们送回地球。但他们差点儿没能回来：奥尔德林在太空行走后返回登陆舱时，不小心弄坏了用于启动上升引擎的开关。幸运的是，他用圆珠笔捅了一下电路，设法打开了这个非常重要的开关。后来，奥尔德林走到哪里都带着这支笔。

寻找火星上的生命

1976年，维京号成为第一个成功降落在这颗著名的红色星球上并发回数据的探测器，它拍摄的照片也是许多天文学家最喜欢的火星景色。然而，在2012年，美国国家航空航天局的好奇号探测器永远改变了我们看待火星的方式。好奇号探测器传回5630万千米外的火星的高分辨率图像的那一天，让所有天文学家都铭记于心。

看向星空！

经过9个多月的旅行，2012年8月6日，好奇号成功降落在火星的盖尔撞击坑内。好奇号首先利用一个巨大的超音速降落伞减速，然后使用一种被称为"天空起重机"的装置将自己从降落伞上分离，并通过一根缆绳将自己缓缓放到了火星表面。

关注太空

你对火星了解多少？

火星信息清单

○ 火星的质量仅相当于地球的十分之一多一点。

○ 火星上有太阳系中最高的山，高21千米。

○ 火星上有太阳系中最大的沙尘暴。

○ 火星有两颗卫星：火卫一和火卫二。

○ 火星是以罗马战神的名字命名的。

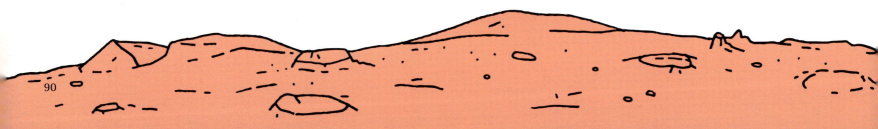

当火星车着陆时，一名任务控制工程师情不自禁地说："我们正在火星上开车。我的天哪！"

好奇号的任务目标是寻找生命所必需的基本成分，如碳、氮、磷、硫和氧。

好奇号是一辆核动力驱动的六轮车。它的发电机有足够的钚-238二氧化物为自己供电，供电时间可长达14年，尽管其任务只持续23个月。

该项目的最终成本比最初的估计多出10亿美元，总额为25亿美元。

好奇号于2011年11月26日从美国佛罗里达州的卡纳维拉尔角太空军事基地发射。

2012年8月6日，该探测器在火星盖尔陨石坑的伊奥利亚沼成功着陆。

固定在好奇号顶部的激光器可以在7米的距离内射击，摧毁任何挡在它前面的东西。

漫游车继续向右

MastCam是好奇号的成像工具。它可以生成火星景观的高分辨率彩色图片和视频。

超大质量黑洞

当一颗恒星燃烧殆尽并发生剧烈爆炸后，它要么变成一颗中子星，要么变成更令人兴奋和神秘的东西——黑洞。

看向星空！

每个星系的中心都有一个超大质量的黑洞，被认为是恒星的最后进化阶段。黑洞是超新星遗留下来的冰冷、嘈杂和难以捉摸的东西，其密度如此之大，以至于没有任何物质，甚至是光，可以从其超强的引力中逃脱。当光以这种方式从黑洞的边缘消失时，它被称为事件视界。

关注太空

不要被"黑洞"这两个字所迷惑，这个名字具有欺骗性。实际上，黑洞并不是一个空洞。相反，请把黑洞想象成挤在一个很小的区域内的大量物质。比如说，想象一颗比太阳大 10 倍的恒星，然后，把它挤压成一个球体，其大小相当于一个城市。这就是黑洞的密度！

黑洞信息清单

○ 爱因斯坦于1915年提出的的广义相对论预测了黑洞，该理论概述了当一颗大质量恒星死亡时，会留下一个小而密集的残余核心。

○ 如果恒星核心的质量超过太阳质量的3倍，引力就会压倒所有其他力量，产生一个黑洞。

○ 如果黑洞穿过星际物质云，它将向内吸引物质：这被称为吸积作用。

○ "黑洞"这个词直到1967年才被提出来。

○ 离地球最近的黑洞在1600光年之外，那是足够远的距离，不会引起恐慌。

○ 在我们的银河系中心有一个黑洞，但那是在大约26 000光年之外。

走近天文学！

黑洞似乎存在于两种不同的尺寸尺度上：

★ 恒星质量的黑洞，质量是太阳的10～24倍。

★ 超大质量的黑洞，质量是太阳的数十亿倍。

惊人的事实
✳ ✳ ✳

2003年，天文学家利用美国国家航空航天局的钱德拉X射线天文台，探测到来自2.5亿光年外的超大质量黑洞的声波。

太空中的"烟花"

天文学家一年四季都能看到"烟花"，形式是流星和流星雨。流星是小型的冰体，可以看到它们以极快的速度围绕太阳系运行。彗星是被气体和尘埃云包围的岩石和冰球，当彗星接近太阳并开始升温时就可以看到。

看向星空！

彗星每天晚上都会照亮并划过天空数千次。作为一名天文学家，你观测到彗星的机会是非常大的，只要坚持观测就可以了。彗星的中心，或者说核，通常直径不超过16千米，与它的尾巴相比非常非常小，它的长度可以达到1.61亿千米；来自太阳的辐射将灰尘颗粒从彗星的中心推开，形成尾巴。

关注太空

只要没有光污染，无论你在地球上的什么地方，都能每天晚上看到一些随机出现的流星。每年大约有20场流星雨出现，地球上的观察者可以看到。其中一些流星雨已经存在了超过100年。下面是一些最壮观的例子：

- 象限仪流星雨
- 天琴座流星雨
- 宝瓶座伊塔流星雨
- 英仙座流星雨
- 猎户座流星雨
- 狮子座流星雨
- 双子座流星雨
- 大熊座流星雨

走近天文学！

　　流星雨的名字源自它们所处的星座。比如英仙座流星雨之所以被称为"英仙座流星雨"，是因为它源自英仙座的方向。当流星体进入地球大气层时，它们会与大量空气分子发生剧烈碰撞。这些碰撞导致流星体表面的物质因高温而气化，形成钠、铁和镁等原子的蒸气，从而呈现出不同的颜色。

撞击理论认为一颗流星撞击了地球导致了恐龙的灭绝。

大胆地去设想

天文学的下一步是什么？

在一个超大型太空望远镜不断被建设、行星探测器不断被发射的时代，我们无疑将在未来几十年里对我们的宇宙和我们在其中的位置有更多的了解。

看向星空！

随着天文学在过去一个世纪的发展，天文学家未来面临的技术和政治方面的挑战和障碍也随之而来。尽管天文学家只发现和绘制了极小部分的空间，但这不会阻止我们继续探索宇宙。那么，下一步是什么？

关注太空

天文学和太空探索的未来是不断发展的。随着目前3个超大的地面望远镜的建造（见第87页）和詹姆斯·韦布空间望远镜的开发，空间机构和天文学家们还有什么宏伟的计划？让我们来看一看。

1. 在月球上盖房子

人类探月工程已处于从"认识月球"转向"认识与利用并重"的重大转折阶段，月面建造逐渐成为新一轮深空探测的重点研究领域。

2. 火星太空服

如果你要在火星一号项目中前往火星，请准备好穿上Auoda.X宇航服，这是最新的太空时尚——可以让你活下去。由于火星表面的宇宙辐射和有毒尘埃，科学家们不得不研发一种新的宇航服，用于前往火星的载人任务。这套宇航服已经在−110°C的低温室中进行过测试，并在冰川冰洞中进行了为期五天的模拟火星任务！

3. 空间探测卫星

由欧洲航天局开发的这颗卫星，也被称为盖亚，于2013年12月19日发射。它是有史以来最先进的卫星之一，它的目标是利用其机载千兆像素数码相机制作最大、最精确的三维空间图。换句话说，盖亚可以看到低至20等的恒星，这比我们用人眼看到的要暗40万倍。

4. 猎户座多用途载人飞船

太空探索的更高级别的交通工具是美国国家航空航天局开发的猎户座多用途载人飞船，它是航天飞机的替代品，是为火星、月球和登陆小行星的载人任务而建造的。第一次载人任务于2020年进行。

我们在宇宙中是孤独的吗？

自从400多年前伽利略首次使用他的望远镜仰望天空以来，这个问题就一直困扰着每一位天文学家。那时，我们很难想象地球以外有生命，我们自认为地球是宇宙的中心。但随着有可能支持生命的新行星的发现，未来几十年内肯定可以得到这个问题的答案。

我确信宇宙中不缺少智慧生命。它太聪明了，只是没有来到这里。

——阿瑟·C.克拉克

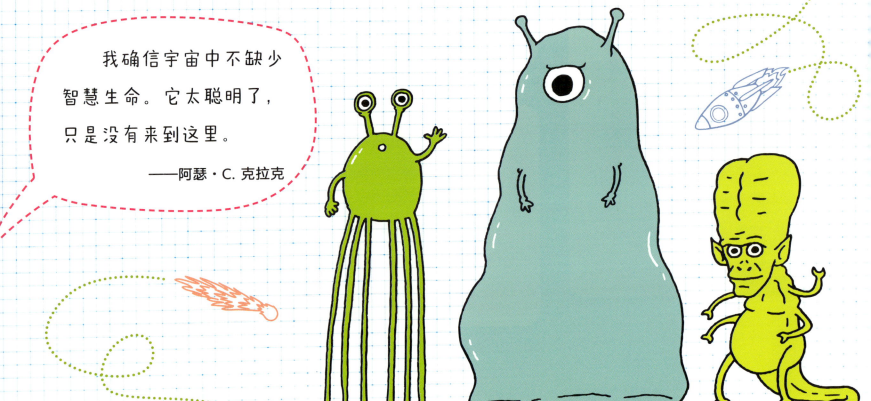

看向星空！

1961年，天体物理学家弗兰克·德雷克设计了德雷克方程，试图估计 N 的数值，也就是我们银河系中潜在的高级文明的数量。让我们更详细地了解一下德雷克方程。

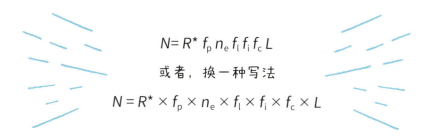

$$N = R^\star\, f_p\, n_e\, f_l\, f_i\, f_c\, L$$

或者，换一种写法

$$N = R^\star \times f_p \times n_e \times f_l \times f_i \times f_c \times L$$

N = 银河系中可能与之交流的文明的数量

$R^\star$ = 银河系中恒星形成的平均速度

f_p = 这些恒星中拥有行星的部分

n_e = 每颗有行星的恒星上有可能支持生命的行星的平均数量

f_l = 有可能支持生命的行星中实际发展出生命的那一部分

f_i = 有生命的行星中实际发展出智能生命（文明）的部分

f_c = 文明发展出能产生可探测存在迹象的技术的比例

L = 这些文明继续向太空发射可探测信号的时间长度

惊人的事实

根据德雷克方程，银河系中大约分布着 10 000 个技术先进的文明。

走近天文学！

自1961年以来，寻找地外智慧项目一直在通过监听外星文明发出的无线电波来寻找宇宙中的智慧生命。该项目在美国设立了基地，由美国的多所顶尖大学管理，是一系列旨在寻找智能生命形式的项目总和。这一项目现在不再由美国政府资助，而是由私人公司在负责运作，该项目也在天空中扫描外星生命的信号。

伟大的奔腾星系

星系——通过望远镜观察到的最令人激动的景象之一，形状大小各异，没有两个星系是相同的。埃德温·哈勃于1926年提出了著名的哈勃星系分类法，这是一种基于星系形态的分类系统，至今仍是天文学家广泛使用的星系分类方法。

1. 螺旋星系

旋转的螺旋星系有很长的旋臂。我们可以在旋臂中发现年轻的恒星、粉红的星云和尘埃等。

2. 棒旋星系

棒旋星系与螺旋星系类似，但中心有一个明显的棒状结构。最新诞生的恒星在中央棒的两端形成。

3. 椭圆星系

外形呈正圆形或椭圆形，中心亮，边缘渐暗，由比较古老的恒星构成。天文学家认为，大多数椭圆星系里都有一个超大质量的黑洞。

4. 不规则星系

无法辨别形状的星系。它们一般比较小，含有许多年轻的恒星和明亮的星云。

5. 特殊星系

在形态、结构或物理特性上与哈勃分类中常见的星系明显不同的星系，例如大熊星座中的M 82。

关注太空

如果你想要去寻找星系，那就拿起你的望远镜，先看看这些美丽的东西。

名称	星座	类型	到地球的距离/百万光年
M 31	仙女座	螺旋	2.5
NGC 5128	半人马座	椭圆	13
大麦哲伦星系	剑鱼座	不规则	0.17
NGC 253	玉夫座	螺旋	10
M 33	三角座	螺旋	2.3
小麦哲伦星系	杜鹃座	不规则	0.20
M 81	大熊座	螺旋	7
M 87	室女座	椭圆	40
M 104	室女座	螺旋	40

惊人的事实

天文学家认为，在可观测的宇宙中可能有超过1700亿个星系，每个星系平均有4000亿颗恒星，甚至更多。

走近天文学！

在每个活跃的星系的核心，都有一个类星体。类星体，全称类星体天体，其核心是一个超大质量的黑洞，黑洞不停吞噬周围物质的同时会释放出巨大的能量，从而使类星体成为宇宙中最亮的天体。

世界各地的天文馆

天文馆是天文主题的博物馆，通常建有一座天象厅，用光学或者数字化的投影仪即天象仪在球幕影院中投影出星空的效果。下面列出了世界上比较著名的一些天文馆，它们各具特色，每年吸引大量游客和天文爱好者访问。

名称	地点	城市	始建时间	备注
★ 北京天文馆	中国	北京	1957年	中国第一座天文馆
★ 上海天文馆	中国	上海	2021年	
★ 大阪市立科学馆	日本	大阪	1937年	
★ 名古屋科学馆	日本	名古屋	1962年	
★ 新加坡科学馆	新加坡	新加坡	1977年	
★ 德意志博物馆天文馆	德国	慕尼黑	1925年	第一座现代天文馆
★ 格里菲斯天文台天文馆	美国	洛杉矶	1935年	用于训练飞行员和宇航员观察天象
★ 自然博物馆海登天文馆	美国	纽约	1935年	
★ 埃塞-艾辛格天文馆	荷兰	弗拉讷克	1781年	现存最古老天文馆，世界文化遗产
★ 克拉克天文馆	美国	盐湖城	1983年	有第一台数字化天象仪
★ 彼得·哈里森天文馆	英国	伦敦	2007年	位于0°经线
★ 玛丽皇后二号邮轮天文馆	英国	南安普顿（母港）	2003年	邮轮上的天文馆

双筒望远镜

双筒望远镜有各种形状和大小，这取决于你的预算，如果你是天文学的入门级爱好者，它可以很好地向你介绍头顶的天体。双筒望远镜有宽阔的视野，可以放大近处和远处的天体，非常有趣。

专业的天文望远镜

如果你对天文学的主要热情是探索行星上的更多细节，或者寻找遥远星系的更好图像，那么你最终可能需要购买一个专业的天文望远镜，因为双筒望远镜的放大率根本不够。购买望远镜之前，最好先咨询你的天文学家朋友和当地天文俱乐部的专家，或者联系专业零售点，同时多看看相关网站的评论。

※ 双目尺寸用两个数字表示，如12×50。第一个数字指的是放大率，一副12×50的双筒望远镜会将你所看到的物体放大12倍。第二个数字与孔径或物镜的直径有关，单位是毫米。孔径较大的双筒望远镜更适合于天文学，因为它们能提供更明亮的图像，但它们通常比较重。

※ 一副放大倍数为7～12倍的双筒望远镜和一个大的物镜可以让你看到太阳系的行星、星团、星云和一些星系。

※ 任何用于天文学的双筒望远镜，如果放大倍数超过10倍或12倍，或者物镜的直径为70毫米及以上，都需要一个三脚架。

※ 天文望远镜必须加上滤光装置才能观测太阳，否则会损坏眼睛和仪器。

A–Z天文词汇表

Accretion disk **吸积盘** 围绕着一颗新生恒星的、由弥散物质组成的结构，体积会越来越大，并吸引着其他恒星物质。

Apparent magnitude **视星等** 从地球上看到的一颗恒星（或任何天体）的亮度。

Asteroids **小行星** 一类围绕太阳运行的小型太阳系天体。

Astronomical unit **天文单位（AU）** 地球和太阳之间的平均距离 —— 约9300万千米。一束光大约需要8.3分钟才能走完1 AU。

Big Bang **大爆炸** 目前关于宇宙起源的最佳理论：大约138亿年前，一个微小的、超热的物质点爆炸了。

Binary star **双子星** 两颗被相互引力联系在一起并围绕同一质量中心旋转的恒星。

Black hole **黑洞** 围绕着一颗小而质量惊人的坍缩恒星的区域，光线无法从中逃逸。

Comet **彗星** 一个由冰和尘埃组成的小天体，有一个被拉长的尾巴 —— 在漫长的轨道上绕着太阳运行。

Constellation **星座** 88个正式的恒星分布区域，夜空被划分为这些区域。

Solar Corona **日冕** 太阳大气层的最外层部分，由气体组成。

Cosmic year **宇宙年** 太阳围绕银河系中心公转一周所需的时间 —— 大约 225 000 000 年。

Cosmology **宇宙学** 对整个宇宙的研究。

Dark adaptation **暗适应** 人眼在黑暗中提高灵敏度的过程。

Dwarf star **矮星** 一颗处于燃烧氢气阶段的恒星。

Electromagnetic spectrum **电磁波谱** 整个电磁波的范围，涵盖从最短到最长的波长。伽马射线具有最短波长，而无线电是波长最长的电磁波。

Exoplanet or Extrasolar planet **系外行星或太阳系外行星** 太阳系外的一颗行星。

Galaxy **银河系** 由恒星、气体、尘埃、星云和其他物质组成的系统，受引力约束，其质量是太阳的 10 万至 10 万亿倍。其中大多数（但不是全部）星系是旋涡形的。

Goldilocks zone **金发姑娘区** 恒星周围的特定区域，在那里行星可以在其表面保持液态水。

Infrared radiation **红外线辐射** 波长长于可见光的辐射。

Meridian **子午线** 是地球表面连接南、北两极，并且垂直于赤道的弧线，也就是经线。

Meteor **流星** 宇宙中的小天体（如小岩块）进入地球大气层后，因与大气摩擦燃烧而产生的发光现象。

Milky Way **银河** 一条环绕天空的柔和的发光带，它是太阳所在的旋涡星系的盘状结构。

Nebula **星云** 太空中的气体和尘埃云。

Neutrino **中微子** 一种微小的粒子，是核聚变的副产品。

Neutron star **中子星** 是人类目前发现除黑洞外密度最大的星体，许多中子星以脉冲星的形式存在，定期向外发射电磁波。

Nova **新星** 爆发出数倍于自身亮度的恒星，在相对较短的时间内保持明亮，然后逐渐减弱，恢复到原来的亮度。

Objective **物镜** 望远镜中的主要集光元件，它可以是透镜或反射镜。

Orbit **轨道** 一个天体围绕另一个天体运动时所遵循的闭合路径。

Photometry **测光** 对光的强度的测量。

Photon **光子** 光的最小单位。

Proton **质子** 一种带正电的亚原子粒子，是原子核的主要成分，与中子并列。

Protoplanet **原行星** 行星发展的最早阶段。

Quantum **量子** 一个光子所拥有的能量。

Red giant **红巨星** 处于演化后期的大型红色恒星。

Retrograde motion **逆行运动** 一种与地球运动相反的轨道或旋转运动。

Scintillation**闪烁** 由于地球大气层的影响，恒星产生的闪烁现象。

Solar System**太阳系** 我们的太阳，以及围绕它运行的一切。

Sunspot**太阳黑子** 太阳表面上的一个高度磁化的暗点，比周围地区要冷。

Supernova**超新星** 巨大的恒星爆炸，包括一颗大质量恒星的死亡。

Terminator**晨昏线** 月球或行星的日半球和夜半球之间的界线。

Ultraviolet**紫外线（UV）** 频率比蓝紫光高的不可见光。

White dwarf star**白矮星** 非常小而密集的恒星，它已经用完了它的核能，并且处于进化的非常晚期。

Zenith**天顶** 观察者的头顶点，在90°的高度上。

Zodiac**黄道带** 天球上黄道南北两边各9°宽的环形区域，这一环形区域涵盖了太阳系所有（八大）行星、月球、太阳与多数小行星所经过的区域。

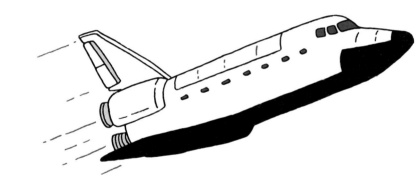

译名对照表

人名

Albert Einstein 阿尔伯特·爱因斯坦

Alexei Leonov 阿列克谢·列昂诺夫

Aristarchus 阿里斯塔克

Aristotle 亚里士多德

Arno Penzias 阿诺·彭齐亚斯

Arthur C. Clarke 阿瑟·C. 克拉克

Bill Thornton 比尔·桑顿

Brian Schmidt 布莱恩·施密特

Buzz Aldrin 巴兹·奥尔德林

Cassini 卡西尼

Clyde Tombaugh 克莱德·汤博

Edmond Halley 埃德蒙·哈雷

Edwin Hubble 埃德温·哈勃

Eratosthenes 埃拉托色尼

Frank Drake 弗兰克·德雷克

Galileo Galilei 伽利略·伽利雷

George Gamow 乔治·伽莫夫

Grote Reber 格罗特·雷伯

Hans Bethe 汉斯·贝特

Hans Lippershey 汉斯·李普西

Henry Cavendish 亨利·卡文迪许

Herman Bondi 赫曼·邦迪

Hipparchus 喜帕恰斯

Huygens 惠更斯

Isaac Newton 艾萨克·牛顿

James Hey 詹姆斯·海

James Webb 詹姆斯·韦布

Johann Bayer 约翰·拜尔

Johannes Kepler 约翰内斯·开普勒

John Kennedy 约翰·肯尼迪

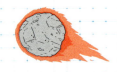

John Glenn 约翰·格伦

Karl Jansky 卡尔·央斯基

Kathryn Aurora Gray 凯瑟琳·奥罗拉·格雷

Maarten Schmidt 马丁·施密特

Malcolm Croft 马尔科姆·克罗夫特

Mamon 马蒙

Michael Collins 迈克尔·柯林斯

Mike Clements 迈克·克莱门茨

Nasir Din Tusi 纳绥尔丁·图西

Neil Armstrong 尼尔·阿姆斯特朗

Nicolaus Copernicus 尼古拉斯·哥白尼

Olaf Roemer 奥勒·罗默

Plato 柏拉图

Ptolemy 托勒密

Ralph Alpher 拉尔夫·阿尔菲

Robert Wilson 罗伯特·威尔逊

Saul Perlmutter 萨尔·珀尔马特

Schwabe 施瓦贝

Tereshkova 捷列什科娃

Thales 泰勒斯

Thomas Gold 托马斯·戈尔德

Tycho Brahe 第谷·布拉赫

William Herschel 威廉·赫歇尔

Yuri Gagarin 尤里·加加林

地名

Atacama Desert 阿塔卡马沙漠

Las Campanas 拉斯坎帕纳斯

Mauna Kea 莫纳克亚

Mesopotamia 美索不达米亚

Weil der Stadt 魏尔德施塔特

Cape Canaveral 卡纳维拉尔角

Aeolis Palus 伊奥利亚沼

其他

Alpha Centauri 半人马座阿尔法星

Barred Spiral Galaxies 棒旋星系

Betelgeuse 参宿四

CERN 欧洲核子研究组织

CHZ 环星宜居区

E-ELT 欧洲极大望远镜

Elliptical Galaxies 椭圆星系

GMT 巨型麦哲伦望远镜

Hubble Space Telescope 哈勃空间望远镜

IAU 国际天文学联合会

IRAS 红外天文卫星

Irregular Galaxies 不规则星系

ISS 国际空间站

JWST 詹姆斯·韦布空间望远镜

Kepler Space Telescope 开普勒太空望远镜

LBT 大双筒望远镜

MPCV 猎户座多用途载人飞船

NASA 美国国家航空航天局

Orion Spur 猎户座旋臂

Red-shift effect 红移效应

Reflecting telescope 反射式望远镜

Refracting telescope 折射式望远镜

SETI 寻找地外智慧项目

Spiral Galaxies 螺旋星系

我是凡人，一生仿佛一瞬。但当我跟随群
星跨越天际，划过优雅轨迹时，我仿佛也融入
其间。我升入宙斯的国度，享用众神的盛宴。

——克罗狄斯 · 托勒密

图书在版编目（CIP）数据

你好，天文 /（英）马尔科姆·克罗夫特
(Malcolm Croft) 著；高爽译. -- 重庆：重庆大学
出版社，2025.4. -- ISBN 978-7-5689-4948-4

Ⅰ.P1-49

中国国家版本馆 CIP 数据核字第 2025 R 2 M 578 号

COOL ASTRONOMY

Text and illustrations © HarperCollins *Publishers* 2017
Translation © Chongqing University Press
Translated under licence from HarperCollins *Publishers* Ltd
Arranged through Gending Rights Agency (http://gending.online/)
版贸核渝字（2022）第 248 号

你好，天文
NIHAO, TIANWEN

[英]马尔科姆·克罗夫特 ｜ 著　　高爽 ｜ 译

责任编辑：王思楠　　　责任印制：赵　晟
责任校对：邹　忌　　　装帧设计：马天玲

重庆大学出版社出版发行
出 版 人：陈晓阳
社　　址：（401331）重庆市沙坪坝区大学城西路 21 号
网　　址：http://www.cqup.com.cn
印　　刷：重庆升光电力印务有限公司
开　　本：787 mm×1092 mm　1/16　印张：7.25　字数：114 千
2025 年 4 月第 1 版　　2025 年 4 月第 1 次印刷
ISBN　978-7-5689-4948-4　　　　定价：48.00 元

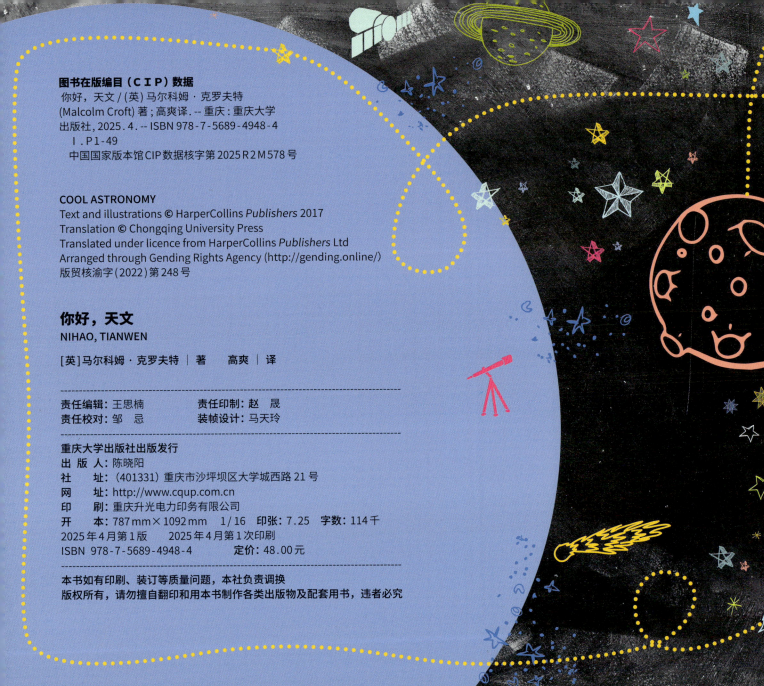